之江实验室 ZHEJIANG LAB | 智能计算丛书·数字反应堆
Intelligent Computing Series

丛书主编◎朱世强
丛书副主编◎赵新龙
赵志峰
陈 光

计算育种

Computational Breeding

胡培松　冯献忠　主编

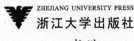

ZHEJIANG UNIVERSITY PRESS
浙江大学出版社
·杭州·

图书在版编目(CIP)数据

计算育种/胡培松,冯献忠主编.—杭州:浙江
大学出版社,2022.11(2023.8重印)
ISBN 978-7-308-22907-4

Ⅰ.①计… Ⅱ.①胡… ②冯… Ⅲ.①育种-计算
Ⅳ.①S33

中国版本图书馆 CIP 数据核字(2022)第 140489 号

计算育种

胡培松　冯献忠　主编

策划编辑	陆东海	
责任编辑	潘晶晶	
责任校对	殷晓彤	
责任印制	范洪法	
封面设计	续设计	
出版发行	浙江大学出版社	
	(杭州市天目山路 148 号　邮政编码 310007)	
	(网址:http://www.zjupress.com)	
排　　版	杭州星云光电图文制作有限公司	
印　　刷	广东虎彩云印制有限公司绍兴分公司	
开　　本	710mm×1000mm　1/16	
印　　张	6.75	
字　　数	95 千	
版 印 次	2022 年 11 月第 1 版　2023 年 8 月第 2 次印刷	
书　　号	ISBN 978-7-308-22907-4	
定　　价	78.00 元	

丛 书 序

智能计算——迈向数字文明新时代的必由之路

  纵观人类生产力发展史,社会主要经济形态经历了从依靠人力的原始经济到依靠畜力的农业经济,再到依靠能源动力的工业经济的变迁,正在加速进入依靠算力的数字经济时代。高性能算力对数据要素的高速驱动、海量处理和智能分析,成为支撑数字经济、数字社会和数字政府发展的核心基础。在全球新一轮科技革命与产业变革中,以算法、数据、算力为"三驾马车"的人工智能技术成为创新的先导力量,不断拓展新的发展领域,推动人类社会持续发生着巨大变革。未来,人类社会必将迈入人-机-物三元融合的"万物皆数"智慧时代,这背后同样需要强大的算力支撑。

  与可预见的爆发式增长的算力需求相对的,是越来越捉襟见肘的算力增长。既有算法面临海量数据的挑战,对算力能效的要求越来越严格,算力的提升不得不考虑各类终端接入方式的限制……在未来十年内,摩尔定律可能濒临失效,人类将面临算力短缺的世界性难题。如何破题?之江实验室提出要发展智能计算,为算力插上智慧的"翅膀"。

  我们认为,智能计算是支撑万物互联的数字文明时代的新型计算理论方法、架构体系和技术能力的总称。其核心思想是根据任务所需,以最佳方式利用既有计算资源和最恰当的计算方法,解决实际问题。智能计算不是超级计算、云计算的替代品,也不是现有计算的简单集成品，而是要在充分利用现有的各种算力和算法的同时，推动形成新的算力和算法，以广域协同计算平台为支撑，自动调度和配置算力资源，实现对任务的快速求解。

作为一个新生事物，智能计算正在反复论证和迭代中螺旋上升。在过去五年里，我们统筹运用智能技术和计算技术，对智能计算的理论方法、软硬件架构体系、技术应用支撑等进行了系统性、变革性探索，取得了阶段性进展，积累了一些理论思考和实践经验，得到三点重要体悟。

（1）智能计算的发展需要构建新的技术体系。随着计算场景与计算架构变得更加复杂多元，任何一种单一计算方式都会遇到应用系统无法兼容及执行效率不高的问题，推动计算资源和计算模式的广域协同能够同时满足算力和能效的要求。通过存算一体、异构融合、广域协同等新型智能计算架构构建智能计算技术体系，借助广域协同的多元算力融合，能够更好地实现算力按需定义和高效聚合。

（2）智能计算的发展将带来新的科技创新范式。智能计算所带来的澎湃算力在科研上的应用将支撑宽口径多学科融合交叉，为变革科技创新的组织模式、形成社会化大协同的创新形态提供重要支撑。智能计算所带来的先进算法将有助于自主智能无人系统突破未知场景理解、多维时空信息融合感知、任务理解和决策、多智能体协同等关键技术，为孕育和孵化未来产业、实现"机器换人"、驱动产业升级提供新的可能性。

（3）智能计算的发展将推动社会治理发生根本性变革。智能感知所带来的海量数据与智能计算的实时大数据处理能力，将为社会治理提供新方法、新工具、新手段。依托智能计算的复杂问题预测分析求解能力，实现对公共信息和变化脉络的深入理解和敏锐感知，形成社会治理整体设计方案和成套应用技术方案，有力推动社会治理从经验应对向科学决策的跃迁。

  站在信息产业由爆发式增长转向系统化精进的重要关口,智能计算未来的发展仍然面临着算力需求巨量化、算力价值多元化、智能计算系统重构化、智能计算标准规范化等多重挑战。在之江实验室成立五周年之际,我们以丛书的形式回顾和总结之江实验室在智能计算方面的思考、探索和实践,以期在更大范围内凝聚共识,与社会各界一道,利用智能计算技术,服务我国社会经济高质量发展。

  我也借着本丛书出版的契机,感谢国家、浙江省及国内外同行对之江实验室在智能计算领域探索的大力支持,感谢各位专家和同事的辛勤工作。

朱世强

2022 年 9 月 6 日

前　言

种子是决定农作物产量和品质的物质基础,培育优良品种是人类千百年来不断追求的目标。当前随着生物育种技术、人工智能、云计算、物联网等新技术的飞速发展,以及基因组、表型组、代谢组等作物相关数据的爆发式增长,作物育种正跨入"生物技术＋人工智能＋大数据"的智能设计育种4.0时代。

之江实验室以打造国家战略科技力量为己任,积极布局智能设计育种研究,联合中国科学院东北地理与农业生态研究所、中国水稻研究所等优势单位,立足于充足算力资源,聚焦大数据挖掘与分析技术、机器学习算法、现代人工智能技术、高性能计算技术等方法的高效融合,推进智能计算育种技术创新和发展。

研究团队首次提出了"计算育种学"的概念,以期在育种理论知识体系上实现作物育种从"试验选优"向"计算选优"的根本转变。本书介绍了计算育种学概念、内涵及其产生的背景;通过实际案例,阐述了计算育种技术的发展现状;比较系统地介绍了计算育种技术发展趋势。本书可以为相关领域的专家学者和业界同行等提供参考,促进现代育种学理论和技术的完善与发展。

由于能力和时间有限,本书内容难免存在疏漏,敬请不吝指正。

编　者

2022 年 9 月

目　录

1　背景篇

随着人们对农作物性状的遗传规律、调控基因功能及发育规律等方面的深入研究，以及生物、信息、新材料、自动化等科学技术的快速发展，农作物育种技术正在发生着巨大变革，已经从单一的生物学领域向多领域多学科渗透和发展。截至目前，育种模式的发展已经历了三个阶段，并且逐渐进入第四阶段(表 1-1)：①育种 1.0 时代或者农家育种阶段，主要是先民们根据主观经验判断选种的作物驯化育种阶段；②育种 2.0 时代或者杂交育种阶段，主要是职业育种家利用遗传学知识，设计杂交方案，有针对性地筛选目标性状育种材料的遗传育种阶段；③育种3.0时代，利用分子标记、转基因、基因编辑辅助选择育种的分子育种阶段；④智能设计育种阶段(也被称为育种 4.0 时代)[1]。预期在不久的将来，随着高通量的多组学数据的积累，人工智能、快速育种平台等技术的发展，智能设计育种将会成为各国开展前沿育种研发的主战场。

表 1-1　四个育种阶段的比较[1]

阶段名称	育种 1.0 时代 作物驯化育种阶段	育种 2.0 时代 遗传育种阶段	育种 3.0 时代 分子育种阶段	育种 4.0 时代 智能设计育种阶段
时期	距今约 1 万年—	1865 年—	20 世纪 70 年代—	2018 年—
技术	人工选择	人工杂交;诱变育种	分子标记技术; 转基因技术; 基因编辑技术	大数据收集技术; 高通量测序技术
特点	周期长、 偶然性大、 效率低	育种时间长、 技术复杂、 操作难度大、可控性差	定向、较精准、 需要大田育种、 周期较长	省时、省力、精准
育种周期	数十年或数百年	6～10 年	4～6 年	2～4 年

1.1　作物驯化育种阶段

最早的育种可以追溯到人类从狩猎采集者转变为农耕者的时期。这个时期的人类育种主要是作物驯化,也是第一代育种技术,主要依赖于对作物表型变异的肉眼观察和长期积累的经验,选择更符合人们需求的育种材料,并将其保留下来,经过长期大量的积累,将野生物种培育成为如今的作物。在过去上万年的育种过程中,人们在世界各地培育了近 7000 种可供食用的植物[1]。

水稻的驯化起源于 1 万年前。目前大多数证据表明,水稻起源于中国。人工驯化野生稻,是远古文明的重要发端。野生稻分蘖多,匍匐生长,易落粒,种子带着长长的芒,籽粒小,产量低,这些性状都不利于农业生产。分蘖多影响营养的分配,有效分蘖减少,严重阻碍产量提升;易落粒不利于人类收集种子,显著降低产量;长长的芒影响种子收获及储存;匍匐生长更是严重限制了水稻产量的提升。随着近万年的驯化改良,野生稻逐渐直立起来了,种子不易脱落,芒变短,籽粒变大,有效分蘖增加,从而演变成如今我们熟知的水稻(图 1-1)。

图 1-1　水稻的驯化[2]

栽培大豆是由野生大豆经过 6000～9000 年驯化来的(图 1-2)，起源地点在中国的黄河流域。野生大豆具有蔓生、种子小、含油量低、产量低等特征。经过长期的驯化，逐渐成为直立生长、种子大、油分产量大幅升高的作物品种。

这些依靠人工选择和驯化获得的原始地方品种，为现代栽培品种奠定了丰富的种质资源基础。但是这种育种技术进程非常缓慢，作物改良效率极低。

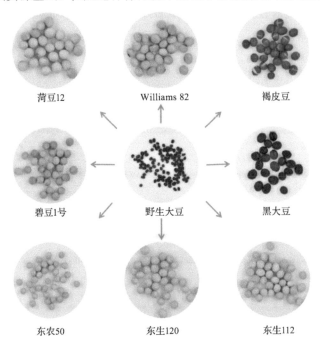

菏豆12	Williams 82	褐皮豆
碧豆1号	野生大豆	黑大豆
东农50	东生120	东生112

图 1-2　野生大豆与栽培大豆

1.2 遗传育种阶段

第二代育种技术是遗传育种。随着人类对生物遗传规律认识的加深,以及田间统计学、数量遗传学在育种中的应用,以双亲杂交为核心的遗传育种技术逐渐成熟。职业育种家预先设计杂交育种试验,通过人工杂交的手段,有目的地选配不同的亲本进行杂交、自交、回交等,从而结合双亲的优良性状,培育改良作物品种。这一阶段的育种技术主要利用经典遗传学、统计学和田间试验设计等理论与方法,人类定向选择起到主要作用,育种结果具有一定的预见性。经过不断选育后,古老的原始地方品种发展为优秀的现代栽培品种。

杂交可以将双亲控制的不同性状的优良等位基因结合于一体,或将双亲中控制同一性状的不同微效基因积累起来,产生杂种优势,获得比亲本品种表现更好的新品种。在过去近 100 年时间里,遗传育种技术极大地提高了水稻、小麦、玉米等作物的产量,缓解了世界范围的粮食紧缺压力。然而,杂交育种和诱变育种等常规育种技术存在育种时间长、技术复杂、操作难度大、可控性差、改良效果不佳等缺点。

1.3 分子育种阶段

第三代育种技术即分子育种。近 40 多年来,随着分子生物学和基因组学等新兴学科的飞速发展,育种家可对基因型进行直接选择,作物分子育种因此应运而生。分子育种是把表型和基因型选择结合起来的一种作物遗传改良理论和方法体系。它将分子生物学技术应用于育种中,在分子水平上进行育种,通常包括分子标记辅助育种和转基因育种,可实现基因的直接选择和有效聚合,大幅度提高育种效率,缩短育种年限,在提高产量、改善品质、增强抗性等方面已显示出巨大潜力。

基因测序技术是分子育种得以发展的关键,实现了育种后代性状由表型向基因型的根本改变。20 世纪 70 年代末发表的 Maxam-Gilbert(马克萨姆-吉尔伯特)测序方法首次提出分子辅助育种可以直接采用优良变异的核苷酸序列信息(即分子标记)。随着 20 世纪 80 年代 DNA 标记技术兴起,以 RFLP(restriction fragment length polymorphisms,限制性片段长度多态性)、SSR(simple sequence repeat,简单重复序列)、STS(sequence tagged site,序列标签位点)、AFLP(amplified fragment length polymorphism,扩增片段长度多态性)、RAPD(randomly amplified polymorphic DNA,随机扩增多态性 DNA)、CAPS(cleaved amplified polymorphic sequence,酶切扩增多态性序列)、SCAR(sequence characterized amplified region,序列特异性扩增区)、SNP(single nucleotide polymorphism,单核苷酸多态性)等分子标记技术为基础,利用标记开发、遗传图谱、功能与比较基因组连锁分析及基因组测序等进行育种,标志着作物育种正式进入分子标记辅助选择育种阶段。在这一阶段,育种学家主要利用与目标基因紧密连锁或表现共分离的分子标记选择个体,从而减少连锁累赘,获得目标个体。随后诞生的第一代测序技术[Sanger(桑格)测序],第二代测序技术[又称下一代测序技术(NGS)]和第三代测序技术(单分子测序技术),也对植物育种技术的发展产生了重大影响。

从理论上讲,植物基因组中 SNP 数量是无限的,这促成了分子标记辅助选择(marker assisted selection,MAS)和分子设计育种技术的发展。同时,育种者们找到了分子标记-性状关联(marker-trait association,MTA),利用分子标记覆盖整个群体的基因分型,并分析表型变异与基因型多态性之间的关系。因此,研究人员可以将传统 MAS 技术的应用扩展到大数据应用,随即产生了全基因组选择育种。全基因组选择育种是分子标记辅助选择育种的延伸,是近年来动植物分子育种的全新策略,已成为分子技术育种的热点和趋势。全基因组选择育种以连锁不平衡理论为基础。相比于分子标记辅助选择育种依赖于 QTL(quantitative trait locus,数量性状基因座)定位的准确性及其附近标记,全基因组选择育种选用少量分子标记预测少量的 QTL 效应,用覆盖整个基因组的分子标记来捕获整个基因组上的变异,对育种值进行有效预测[3]。其扩大的甄选方案能够形成更精确的基因组解剖,以减少连锁阻力和假阳性标记等问题。

目前,转基因技术培育的作物已经在美国、巴西等70多个国家被广泛种植,全球每年的种植面积近30亿亩。转基因技术通过对目标功能基因的定向转移,有目标地整合优良性状。该技术不受生物体间亲缘关系的限制,可以打破不同物种间天然杂交的屏障,拓宽可利用基因的来源。目前,被广泛应用的转基因作物主要是具有抗虫和抗除草剂功能的作物种质资源。比如,将苏云金杆菌中的杀虫蛋白基因转移到棉花中,获得的抗虫转基因棉花具有抵抗棉铃虫的特性,从而减少了农药的使用;带有抗除草剂草甘膦基因序列的抗除草剂类作物具有抵抗除草剂的功能,当在相应农田中使用草甘膦类除草剂时,该转基因作物得以幸免,这不仅降低了除草成本,也提高了种植效益。目前,随着与作物产量、抗虫、抗病、养分高效、抵御非生物胁迫、提高作物品质等相关的大量功能基因的发现,越来越多具有相关优异性状的转基因作物应运而生,对提升育种的效率具有重要的价值。

2013年,三个独立的研究团队分别建立了基于规律间隔成簇短回文重复序列(clustered regularly interspaced short palindromic repeats, CRISPR)/CRISPR关联蛋白9(CRISPR-associated proteins system 9,Cas 9)基因编辑系统的水稻、小麦、烟草和拟南芥基因编辑植株[4-6]。从此之后,作物育种专家开始广泛地采用基因编辑手段进行有针对性的序列编辑,从而快速进行农作物改良育种。近年来,CRISPR/Cas系统不断被改进,使得基因组编辑成为一种广泛采用、低成本、易于使用的靶向基因技术。目前,已被基因组编辑修饰的性状包括产量、品质、生物胁迫和非生物胁迫抗性等。这种技术也能够同时敲除一些与有益性状位点高度连锁的不利基因,可以精准地进行作物性状改良。因此,以CRISPR/Cas为基础的基因编辑技术育种方式具有增强全球粮食安全和农业可持续发展的潜力[7,8]。

随着各种农作物基因组测序的完成和测序技术的快速发展,不同作物的基因组学、转录组学、代谢组学研究得到了迅猛发展,提高了作物农艺性状基因位点的发掘效率,也促进了高通量筛选作物优良性状的基因芯片在育种上的应用。

1.4 智能设计育种阶段

目前,国际上育种技术正进入第四阶段,即智能设计育种阶段。2018年,美国科学院院士、康奈尔大学玉米遗传育种学家 Edwards Buckler(爱德华兹・巴克勒)教授提出了"育种 4.0"的理念,这标志着智能设计育种阶段的开始[9]。智能设计育种的特征是生物技术、人工智能技术和大数据技术在育种中的结合应用,是未来育种技术发展的趋势。

针对我国粮食安全的"卡脖子"问题,2021 年之江实验室联合中国科学院东北地理与农业生态研究所、中国水稻研究所等单位,共同启动了智能计算"数字反应堆"—智能计算育种项目,建立以计算育种学为核心的新一代作物育种理论和技术体系,推动作物育种研发范式的变革,促进作物育种理论创新与技术进步,为作物新品种的培育和生产提供核心技术和科技平台,服务作物育种的科学研究和种业发展,实现我国育种 4.0 时代跨越式发展。

"计算育种学"是之江实验室和中国科学院东北地理与农业生态研究所及中国水稻研究所提出的一门新学科。计算育种学属于作物育种学与计算机科学的新兴交叉学科,是研究作物品种选育的数据分析、数学建模和计算机仿真等相关的理论与方法,指导作物优良品种选育及繁殖的一门学科。计算育种学运用计算机和数学逻辑,构建与模拟作物从育种到收获的全过程,为作物育种生产实践提供最佳的实施方案,实现作物育种从"试验选优"向"计算选优"的根本转变,提高作物育种的效率和准确性。该学科以作物分子精准育种技术为基础,以育种大数据为熔炉底料,将大数据挖掘与分析、人工智能、高性能计算等先进技术方法高效融合,通过基因、环境和表型等多模态多尺度海量数据集,建立高精度育种预测模型,研发全流程智能化作物育种和栽培技术,增强我国种业核心技术竞争力,保障我国粮食安全和产业安全。

　　本书通过实际案例阐述目前国际上主要育种技术的发展现状,介绍国际上智能育种技术的研究热点、重要的研究机构和研究计划,并结合最新的研究成果,展望未来智能设计育种发展的趋势。

参考文献

[1]WALLACE J G, RODGERS-MELNICK E, BUCKLER E S. On the road to breeding 4.0: Unraveling the good, the bad, and the boring of crop quantitative genomics[J]. Annual Review of Genetics, 2018,52:421-444.

[2]TAN L, LI X, LIU F, et al. Control of a key transition from prostrate to erect growth in rice domestication[J]. Nature Genetics, 2008,40(11):1360-1364.

[3]应继锋,刘定富,赵健.第 5 代(5G)作物育种技术体系[J].中国种业,2020(10):3.

[4]JIANG W, ZHOU H, BI H, et al. Demonstration of CRISPR/Cas9/sgRNA-mediated targeted gene modification in *Arabidopsis*, tobacco, sorghum and rice[J]. Nucleic Acids Res, 2013,41(20):e188.

[5]WANG Y, CHENG X, SHAN Q, et al. Simultaneous editing of three homoeoalleles in hexaploid bread wheat confers heritable resistance to powdery mildew[J]. Nat Biotechnol, 2014,32(9):947-951.

[6]NEKRASOV V, STASKAWICZ B, WEIGEL D, et al. Targeted mutagenesis in the model plant *Nicotiana benthamiana* using Cas9 RNA-guided endonuclease[J]. Nat Biotechnol, 2013,31(8):691-693.

[7]ZHU J K. The future of gene-edited crops in China[J]. National Science Review, 2022,9(4):nwac063.

[8]CHEN X, YANG S, ZHANG Y, et al. Generation of male-sterile soybean lines with the CRISPR/Cas9 system[J]. Crop J, 2021,9(6):1270-1277.

2 现状篇

尽管发达国家的育种已经进入智能设计育种阶段，但是目前分子育种技术仍然是世界育种技术的主流，而我国多数作物的育种主要集中在遗传育种和分子育种阶段。分子育种技术中一些代表性的技术成为当前育种技术的核心技术，发挥着重要的作用；表型组学、基因组学、转录组学、代谢组学、育种芯片是目前分子育种技术的重要研究热点，此篇将从代表性育种技术及其在作物育种中应用的实际案例进行概述，以为同行提供参考。

2.1 表型组学及数字化人工智能表型采集

基因型、表型和环境是遗传学研究的三个最基本的因素。传统育种依赖于育种家对田间作物的不断观察，通过肉眼，结合经验选育出高产、优质、抗逆等优质材料，但是这个过程完全依赖育种家的经验和机遇，存在着很大的盲目性和不可预测性。表型观察和采集是作物育种的核心和关键，也是作物育种的"最前一公里"，尤其是进入分子育种时代，对表型的可靠性、自动化、标准化等方面都提出了更高的要求。因此，多维度、大数据、视觉智能的精准表型采集，对现代化育种具有重要意义，也是做好育种"最前一公里"的关键。随着高通量测序技术的快速发展,基因型的研究更加简单快速。然而,由于植物表型本身的复杂性及其动态变化的特性,表型研究严重滞后于基因型研究。

表型组学(phenomics)作为一个与表型鉴定相关的研究领域,是联系生物体基因型和表型的桥梁。表型组学是一门在基因组水平上系统研究某一生物或细胞在各种不同环境条件下所有表型的学科。1996 年,Steven Garan(史蒂文·加兰)首次提出了表型组学这一概念。Reuzeau 等详细阐述了被称为"性状工厂"(TraitMill)的可大规模自动化分析全生育期植物表型的技术设施[1]。Niculescu 等描述了一种新的用于表型组学分析的实验定量研究方法——PhenoChipping[2]。2008 年,澳大利亚植物表型组学设施(Australian Plant Phenomics Facility)在澳大利亚阿德雷德大学威特校区建立。2009 年 4 月,第一届国际植物表型组大会在澳大利亚堪培拉举办。2019 年 10 月,第六届国际植物表型大会在我国南京召开,会上盖钧镒院士指出:对植物的系统研究来说,表型组学研究占据决定性的地位。表型是第一性的,基因型是第二性的,研究植物首先从表型开始。作物表型研究的意义在于能够准确地找到我们需要的新品种,准确地培育出我们需要的新品种,对于农业科学来讲,这是育种的基础,只有加速推进作物表型研究,才能不断推出用于生产的新品种,才能提高产量。

2017 年,法国植物表型协会主席、法国国家农业研究院(INRA)作物生理生态学家 Francois Tardieu(弗朗索瓦·塔迪厄)和诺丁汉大学植物学家 Malcolm Bennett(马尔科姆·贝内特)共同提出了多层次表型组研究的构想。他们指出,表型组研究领域正在进入一个全新的发展阶段:如何把室内、外表型研究中产生的巨量图像和传感器数据转化为有意义的生物学知识,将成为下一个表型组学研究的瓶颈。特别是针对与等位基因变异(allelic variants)和环境控制(environment control)紧密相关的动态性状,只有革命性的数据处理和动态建模才能解决这一技术难题。图 2-1 总结了当今国际植物表型界对表型组学研究进程的共识:为提高作物广适性和稳产性,发展和利用全新的统计方法设计试验;完善高通量表型数据自动化采集;使用先进的数据管理手段对原始表型数据集进行注释、标准化和存储;基于本体论(ontology)进行数据的优化整合;引入最新的机器学习和深度学习等人工智能方法对多维表型组数据集进行分析;进而萃取可靠的性状特征信息;最终挖掘出有意义的生物学知识,并解决实际的科学问题。

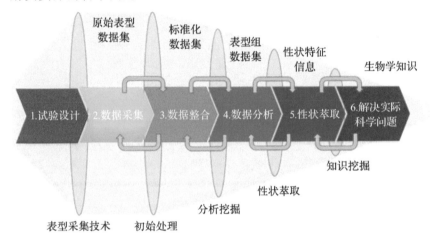

图 2-1 植物表型组学研究策略

2.2 基因组学

基因组学是阐明整个基因组的结构、结构与功能的关系,以及基因之间相互作用的科学。换言之,基因组学是以分子生物学技术、电子计算机技术和信息网络技术为手段,以生物体内基因组的全部基因为研究对象,从整体水平上探索全基因组在生命活动中的作用及其内在规律和内外环境影响机制的科学。其中,DNA 测序技术,尤其是第二代测序技术对于基因组学的发展起到了重要的推动作用。

2000 年 12 月,第一个植物参考基因组——拟南芥完整基因组序列的发表,预示着植物基因组时代的开始。截至 2020 年年底,已经测序并发表的 788 种不同植物物种(包括亚种)的 1031 个基因组,为数百种植物物种生成了参考基因组,极大地推进了植物生物学所有学科的研究。

目前,绝大多数作物基因组测序已经完成,标志着作物科学进入基因组时代,为基于基因组学的作物科学研究奠定了基础。基因组学的发展促使作物科学在以下三个方面取得重要进展:①分子标记辅助选择育种,加速了作物新品种的育种进程;②催生了以基因芯片为代表的高通量标记选择技术在作物育种中的应用;③促进了转基因技术对作物的精准改良。

2.2.1 核苷酸序列测定技术

核苷酸测序技术的发展经历了三个阶段[3]。第一代测序技术是 Maxam-Gilbert 测序和 Sanger 测序。Maxam-Gilbert 测序通过利用几个具有碱基专一性的化学切断反应将单个末端被 ^{32}P 标记的 DNA 分子进行部分切断,产生一系列长度不一、末端被标记且以特定碱基结尾的 DNA 片段,这些 DNA 片段通过聚丙烯酰胺凝胶电泳分离,从而判断序列信息[4]。Sanger 测序技术是 Frederick Sanger(弗雷德里克·桑格)开发的"双脱氧终止法"测序技术,其利用双脱氧核苷酸(ddNTP)缺乏延伸所需的 3′-OH 基团,造成延长的寡核苷酸选择性地在 G、A、T 或 C 处终止的特点,将脱氧核苷酸(dNTP)与 ddNTP 按照比例混合后进行聚合酶链式反应(polymerase chain reaction,PCR)扩增,然后使用凝胶电泳或色谱检查碱基序列(图 2-2)[5]。尽管 Sanger 测序技术曾被应用于水稻和拟南芥等植物基因组测序工作,但耗时长、费用高等问题限制了它的应用范围[6]。

第二代测序技术是基于 PCR 和基因芯片发展而来的 DNA 测序技术。目前成熟的第二代测序技术平台共有三种,分别为 Roche(罗氏)公司的 454 技术、ABI(美国应用生物系统)公司的 SOLiD 技术和 Illumina(因美纳)公司的 Solexa 技术平台(图 2-3)。454 技术由 Jonathan Rothberg(乔纳森·罗斯伯格)于 2005 年发明,是第一个二代测序技术,引领生命

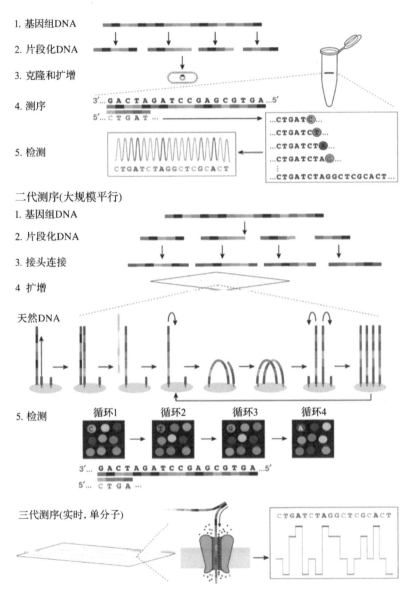

图 2-2　Sanger 测序、NGS 及单分子实时测序原理比较

科学研究进入高通量测序时代。该技术中 DNA 片段无须进行荧光标记和电泳,而是边合成边测序。碱基在加入序列时,会脱掉一个焦磷酸,通

过检测焦磷酸可识别碱基。因此该技术也被称为焦磷酸测序。SOLiD技术由连接酶测序法发展而来。Lerroy Hood（勒罗伊·胡德）在20世纪80年代中期利用连接酶法设计了第一台自动荧光测序仪。SOLiD以四色荧光标记寡核苷酸的连续连接合成为基础，取代了传统的聚合酶连接反应，可对单拷贝DNA片段进行大规模扩增和高通量并行测序。Illumina公司的第二代测序仪最早由Solexa公司研发，同样为边合成边测序，但在测序过程中，加入改造过的DNA聚合酶和带有4种荧光标记的dNTP。dNTP的3′羟基末端带有可化学切割的部分，只容许每个循环掺入单个碱基。用激光扫描反应板表面，根据dNTP所带的荧光读取每条模板序列每一轮反应所聚合上去的核苷酸种类，经过"合成—清洗—拍照"的循环过程，可得到目的片段的碱基排列顺序[7]。

罗氏/454　　　　　　　　Illumina/Solexa
基因组测序仪　　　　　　基因分析仪　　　　　　ABI/SOLiD

图 2-3　成熟的第二代测序技术平台

　　第三代测序解决了信号放大的问题。利用第三代测序技术，无须扩增DNA分子就可对单个DNA进行测序来读取很长的DNA序列。目前，第三代测序技术主要包括太平洋生物技术公司（PacBio Company）的单分子实时测序技术（single molecule real time，SMRT）和牛津纳米孔技术公司（Oxford Nanopore Technology，ONT）的纳米孔测序技术（nanopore sequencing）。单分子实时测序技术是一种被称为零模式波导（zero-mode waveguides，ZMW）的技术，它通过识别DNA链穿过固定在小孔底部的DNA聚合酶时互补结合碱基的荧光进行测序。这种方法的优点在于可以连续读取超过20Kb的长序列[8]。如果从本质上来看，该测序技术仍然是基于合成的测序，与传统的二代测序相比，主要解决了读长的问题,不算真正意义的新测序技术。纳米孔测序技术不同于以往的测序技术,它可以直接读取 DNA 和 RNA 分子上的碱基,不但可以记录完整的 DNA 分子和 RNA 分子,也可以记录碱基上的修饰情况[9]。目前纳米孔测序可以获得 400 万个碱基的单条读长,较好地解决了着丝粒和近着丝粒附近序列的组装[10]。同时,纳米孔测序是基于电信号而不是光信号的测序技术。该技术的关键是在人工膜上嵌入大量由通道蛋白组成的纳米级别的孔,类似琼脂糖凝胶电泳,DNA 或者 RNA 分子在一定的电压下通过这些缝隙进行运动。在纳米孔测序中,在蛋白孔的周围设计了感应离子电信号的装置,由于每种修饰或未修饰的碱基通过蛋白孔时产生的离子电信号不同,因此可以通过这个差别,结合深度学习的算法,得到 DNA 或者 RNA 序列及其碱基修饰信息[9]。纳米孔测序不但完全解决了传统测序的读长问题(理论上没有读长的限制),而且能准确地了解基因组的 DNA 甲基化信息,如果与其他技术结合,还可同时了解 DNA 甲基化和组蛋白修饰相关的信息[11],对于了解基因型和环境互作所决定的表型有极其重要的帮助作用。如果用纳米孔技术直接测序 RNA 分子,不但可以获得全长的 RNA 分子、每条转录本上的转录起始位点、多聚腺苷酸加尾位点、剪切式样、多聚腺苷酸的长度等,而且能了解哪些碱基上出现了修饰[12],以及清楚地定位来自转座子和重复序列的转录本[13],因此可以更好地了解基因的表达情况,以及表型背后的分子基础[9]。传统的测序技术需要贵重和体积较大的设备,而纳米孔测序的设备相对较小。目前,牛津纳米孔技术公司推出多种不同通量的测序仪器。每次测一张芯片的 MinION 测序仪是一个小于 500g 的测序仪,一次最多可以获得 50Gb 的数据。GridION 是能够同时测 5 张芯片的纳米孔测序仪,一次最多可以获得 250Gb 的数据。PromethION 可以同时测 48 张芯片,一次最多可以产生 14Tb 的数据。虽然纳米孔测序已经非常成功,但是相关的算法,尤其碱基修饰相关的模型还有待发展完善,碱基识别的准确度也比传统的二代测序低一些[9,14]。

2.2.2 分子标记的发展及分子标记辅助育种

分子标记辅助选择育种是利用与目标基因紧密连锁的分子标记或功能标记,在杂交后代中准确地对不同个体的基因型进行鉴别,并据此进行辅助选择的育种技术。通过分子标记检测,将基因型与表型相结合,应用于育种的各个过程的选择和鉴定,可以显著提高育种选择工作的准确性,提高育种研究的效率。

DNA 分子标记相对同类技术来说具有很强的优越性:大部分标记为共显性,对隐性性状的选择十分有利;数量极多,有利于应对极其丰富的基因组变异;在生物发育的不同阶段,不同组织的 DNA 都可用标记分析,不影响目标性状的表达。随着分子生物学技术的发展,DNA 分子标记技术被广泛应用于遗传育种、基因组作图、基因定位、物种亲缘关系鉴定、基因库构建、基因克隆等方面。

分子标记按技术特性可分为三大类:①以分子杂交为基础的 DNA 标记技术,主要有 RFLP 标记;②以 PCR 为基础的各种 DNA 指纹技术,如 RAPD、SCAR、AFLP、SSR 等;③一些新型的分子标记,如单核苷酸多态性(SNP)、竞争性等位基因特异性 PCR(kompetitive allele-specific PCR,KASP)等。

2.2.2.1 SNP 分子标记

随着人类基因组计划研究的深入,人类基因组单核苷酸多态性(SNP)标记的研究应运而生,并且得到迅猛发展。单核苷酸多态性标记被称为"第三代 DNA 遗传标记",是在基因组水平上单个核苷酸变异(包括转换、颠换、缺失和插入)形成的 DNA 序列多态性(遗传标记),其数量很多,多态性丰富。SNP 在人类基因组中广泛存在,平均每 $500 \sim 1000$ 个碱基对中就有 1 个,总数可达 300 万个甚至更多。大量存在的 SNP 位点,使人们有机会发现与各种疾病(包括肿瘤)相关的基因组突变。有些 SNP 并不直接导致疾病基因的表达,但由于它与某些疾病基因相邻,而成为重要的标记。

SNP 这种遗传标记的特点是单个碱基的变异,被认为是应用前景最好的遗传标记物,在作物育种中也得到了广泛应用。SNP 的优点包括:①SNP 数量多,分布广泛;②高通量,适于快速、规模化筛查;③SNP 等位基因频率容易估计;④易于基因分型。SNP 的缺点:由于 DNA 样品的复杂性,有些 SNP 不能被检测到。

2.2.2.2　KASP 分子标记

竞争性等位基因特异性 PCR(KASP)基于 Touch-down PCR(降落 PCR)技术,利用通用荧光探针,针对广泛基因组 DNA 样品(包括复杂基因组 DNA 样品),对目标 SNP 和 InDel(插入缺失标记)进行精准的双等位基因分型。该项技术可以对广泛存在于基因组 DNA 中的 SNP 或 InDel 进行精准的判断,是一种高通量、低成本、低失误率的 SNP 分型技术。KASP 分子标记不需要进行凝胶电泳,可实现自动化、平台化操作,具有高通量、低成本、遗传稳定性好等特点,已被广泛应用到各个领域,包括对农作物育种材料的大规模筛选与鉴定。KASP 分子标记的优势:稳定、多态性高、数量庞大且分布均匀广泛;在定量 PCR 仪器上即可完成,完美地解决了 SNP 分子标记周期长、费用高的缺陷。KASP 分子标记目前已经在小麦基因定位、图位克隆及分子标记辅助选择育种中发挥了重要作用,同时在番茄等作物多重标记筛选、多抗品种培育中发挥了重要作用。

2.2.3　基因芯片

基因分型是通过生物学试验检查个体 DNA 序列的过程,也是将目标序列与另一个体序列或参考序列进行比较来确定个体的遗传构成(基因型)差异的过程。基因分型揭示了个体从父母那里继承的等位基因。传统的基因分型利用分子工具对比 DNA 序列来定义生物群体,使用的技术包括 PCR、DNA 片段分析、寡核苷酸探针、基因测序、核酸杂交、基因芯片技术等。基因芯片由于携带有大量性状的 SNP 信息,可实现同时对多个性状进行筛选,大大提高了筛选效率,因此被广泛应用于作物育种中。

基因芯片是目前生物芯片家族中最完善、应用最广泛的芯片。它将许多特定的寡核苷酸或 DNA 片段（称为探针）固定在芯片每个预先设置的区域内，基于碱基互补配对原理，将待测样本标记后同芯片进行杂交，通过检测杂交信号并进行计算机分析，分析不同基因类型及含量的变化，以用于基因功能和基因组研究。运用缩微技术，基因芯片能够同时分析成千上万个生物样本，将许多不连续的分析过程集成于玻璃介质上，使这些分析过程连续化、微型化、集成化和自动化。基因芯片是提升育种效率，培育抗病、抗逆及优质等新品种的重要分子工具。

2.2.3.1　玉米育种芯片开发

中国农业科学院作物科学研究所"玉米分子育种技术和应用"创新团队开发了一款新型玉米 55K 分子育种芯片（图 2-4）[15]。该芯片由邹枨团队、博奥晶典生物技术有限公司和南通新禾生物技术有限公司合作开发，芯片在提高基因组覆盖率的同时，加入了多种类型的功能性标记，将有助于提高基因挖掘和分子育种的效率。

图 2-4　育种芯片

与以往的芯片相比，该款玉米 55K 分子育种芯片进行了一系列改进：①从现有的两款芯片（Illumina MaizeSNP50 BeadChip，600K Affymetrix Axiom Maize Genotyping Array）和 368 份玉米的转录组测序数据中均匀挑选在温、热带玉米群体中均具有较高多态性的 SNP 位点；②结合尚未公开发表的重测序数据，筛选来自非 B73 参考基因组的 4067 个 SNP 位点；③挑选了 734 个用于划分玉米杂种优势群和 451 个与玉米重要农艺性状相关的 SNP 位点；④根据玉米中已公开的转基因事件开发 132 个 SNP 位点。"玉米分子育种技术和应用"创新团队利用该芯片对 593 份具有丰富遗传多样性的玉米自交系进行了基因型分析，结果显示，与其他玉米 SNP 芯片相比,该芯片具有以下优点:位点缺失率和杂合率更低;能够清晰地划分中国的玉米杂种优势群;在热带和温带玉米群体间不具有明显的偏向性。将 55K 分子育种芯片产生的基因型数据与开花性状数据(播种至抽雄的天数、播种至吐丝的天数、播种至开花的天数、开花至吐丝间隔期)进行全基因组关联分析(GWAS),最终鉴定出与开花性状有关的 5 个基因组区域。

该芯片自问世以来已被多家科研单位和种业公司应用于数千份玉米品种(材料)的指纹鉴定、杂种优势群划分、基因定位和分子标记辅助选择,包括中国玉米核心自交系、国际玉米小麦改良中心(CIMMYT)重要热带种质、美国重要自交系的指纹分析。目前,该团队将这款芯片应用于玉米多杂种群体的全基因组关联分析并取得了重要进展。相关结果为玉米商业化分子育种奠定了基础,有关育种企业只需要对自身的育种材料进行分析,即可获得与全球温、热带玉米核心材料相比较的重要育种信息,同时附带提供所测试材料的转基因检测结果。

2.2.3.2　小麦育种芯片开发

中国农业科学院贾继增课题组综合运用 *De novo* 组装、重测序等策略对 111 个普通小麦、2 个四倍体小麦、3 个 A 基因组和 2 个 D 基因组小麦(共计 118 个小麦)及其近缘属种进行高通量测序,获得 6Tb 数据;以中国春序列为参考序列,采用严格标准,经过生物信息学分析获得 5138 万个 SNP;与北京博奥晶典生物技术有限公司合作,经过生物信息学筛选和芯片预实验,最终形成小麦 660K SNP 芯片[16]。

该芯片可同时检测 60 万个以上的 SNP 位点,实现六倍体普通小麦中检出率(call rate)>95%,是目前有效检测位点最多的一款小麦 SNP 芯片。小麦 660K SNP 芯片的高多态性且高分辨率的标记比例为 58.9%,在一个双亲群体上通常能定位 10 万~20 万个标记;可用 SNP 标记(包括 PolyHighResolution、NoNinorHom 和 Off Target Variation 三类)比例高:在自然群体中(66 份普通小麦),这三类 SNP 标记占芯片总位点数的 65.35%。小麦 660K SNP 芯片经过筛选标记,淘汰了分辨不清的标记,添加了更多有价值的及最新注释的标记,使所有筛选后的标记均清晰可辨。

利用高分辨率的小麦 660K 和 90K SNP 芯片,对 166 份黄淮麦区重要推广品种和高代品系进行基因型检测,并开展群体结构分析和全基因组关联分析(GWAS)。结合 5 个环境下的田间表型数据,采用经典的Tassel MLM 模型和较为严谨的 FarmCPU 模型共同进行 GWAS,发掘黑胚病显著关联位点,选择在两种模型中均存在的位点作为最终结果。共计检测到 25 个位点,位于 2A、2B、3A、3B(2)、3D、4B(2)、5A(3)、5B(3)、6A、6B、6D、7A(5)、7B 和 7D(2)染色体上,分别解释 7.9% 到 18.0% 的表型变异。在发现的位点中,13 个位点在多个环境下存在,均有稳定的遗传效应;7 个位点与前人研究结果一致,18 个位点为全新位点。

2.2.3.3 水稻育种芯片开发

Rice6K 育种芯片是华中农业大学张启发团队联合中国种子集团等单位基于 520 份水稻地方品种重测序数据和已知水稻重要功能基因研制的全球首款水稻基因组育种芯片,共计 5636 个 SNP 标记。测试结果表明,该育种芯片最终有 4473 个高质量分子标记,具有良好的基因分型效果。根据 100 份代表性水稻种质资源的初步检测结果,该芯片在粳稻内部、籼稻内部、亚种间均能够检测到 SNP 标记,平均数量为 800、1000 和2600 个,可广泛适用于不同类型的水稻品种。

Rice60K 育种芯片在 Rice6K 育种芯片的基础上优化升级而来,具有更广泛的适用性。其设计数据来源既包括之前的 520 份水稻地方品种,还包括 203 份水稻微核心种质和 78 份杂交稻亲本。Rice60K 育种芯片标记主要选用亚种内部之间的变异,因此不仅能够很好地检测水稻亚种间的杂交群体,也能很好地用于检测亚种内的杂交群体。测试表明,该芯片共有高质量标记位点 4.3 万个,对粳稻内部、籼稻内部和亚种间任意两个品种能够检测的 SNP 标记平均分别为 8000、12000 和 23000 个。

自首款水稻育种芯片问世以来,中国种子生命科学技术中心依托自主可控、世界领先的水稻育种芯片技术,已选育近 150 个优质品种,种植已覆盖长江以南所有水稻种植区域。

OsSNPnks 芯片是基于单拷贝基因的 SNP 芯片,总共包括 18980 个基因上的 50051 个标记,这些标记主要来源于水稻单拷贝和保守基因区域,因此具有最终标记检测率高的优点。深圳市作物分子设计育种研究院研制了一款水稻高通量分子育种芯片。用该芯片检测任意两个品种,平均可以获得 1800 个以上高质量的 SNP 位点。与其他基于基因芯片平台的基因分型系统相比,该水稻高通量分子育种芯片具有重复性好、通量高、数据分析简单等优势,检测水稻样品的技术重复性能够达到 99.99%以上。

2.2.3.4 大豆育种芯片开发

大豆育种芯片的开发对大豆全基因组选择、回交育种及其背景选择、多基因聚合育种、种子纯度检测、转基因成分鉴定、全基因组关联分析、QTL 分析、物种进化分析、种质资源鉴定等研究领域起到重要推动作用。

2014 年,韩国生命科学技术研究员依据 41 个大豆品种的全基因组测序结果,开发了 180K Axiom 固态芯片。该芯片的 40136 个 SNP 是韩国本地大豆品种特有变异,对韩国大豆群体的研究及育种具有重要意义;在基因型鉴定、群体进化分析和全基因组关联分析等方面均有较好的表现[17]。

2015 年,南京农业大学研究团队,依据 18 个野生大豆和 14 个栽培大豆的测序信息,开发了大豆 355K Axiom 固态芯片,并在大豆群体进化和全基因组关联分析上取得较好的分析结果[18]。

2.3 转录组学及其在农学领域的应用

转录组学技术是用于研究生物体转录组的技术。转录组是生物体所有 RNA 转录的总和。生物体的信息内容记录在其基因组的 DNA 中,并通过转录表达。信使核糖核酸(mRNA)作为信息网络的瞬时中介分子,而非编码的核糖核酸则执行额外的不同功能。研究整个转录组的第一次尝试始于 20 世纪 90 年代初。至 20 世纪 90 年代末,转录组学技术的进步使转录学成为一门广泛的学科。该领域有一种非常关键的当代技术——RNA 测序(RNA-Seq),它使用高通量测序来捕获所有序列。通过测量生物体基因在不同组织、条件或时间点的表达,可以了解基因是如何调控的,并揭示生物体生物学的细节。它还可以帮助推断以前未注释的基因功能。转录分析使研究基因在不同生物体中的表达如何变化成为可能,并有助于理解生物过程中的分子机制。目前,RNA-Seq 已广泛应用于生物、医学、临床和药学研究[19]。

2.3.1　差异基因表达

RNA-Seq 可以检测样本之间差异基因表达(DGE)研究中两个或更多个实验组之间的基因表达水平的变化。DGE 研究可以通过确定转录物丰度和实验条件之间的基因水平关系来阐明基因组的功能成分,从而阐明相关生理过程的机制,并扩大我们对基因和表型之间联系的理解。RNA-Seq 和 DGE 分析在农业和食品工业中得到了广泛的应用。家禽科学家已经应用 RNA-Seq 研究了 DEG 分析在花生过敏反应的致病相关途径中的可能作用,促进了婴儿食物过敏的早期检测[20]。豆科植物和根瘤菌之间的共生关系在农业和土壤基因组学中具有重要意义,因为这种相互作用通过固氮提高了土壤肥力,增加了作物产量。通过使用 RNA-Seq 在不同时间点比较两种不同的共生系统,观察到根瘤表型的差异。此外,研究人员在大豆根瘤菌的特定菌株中发现了 DEG,其中大多数 DEG 参与了植物与病原菌的相互作用和类黄酮的生物合成。通过研究草莓果实的整体转录组图谱,植物科学家阐明了红光和蓝光对花青素生物合成和积累相关基因差异表达的影响。

2.3.2　全基因组遗传变异筛选

RNA-Seq 在全基因组遗传变异筛选中的应用对于加速使用基于基因组的育种方法来选择植物的农业理想性状是势在必行的[21]。与品质性状(如植物颜色,开花颜色,果实颜色、大小和成熟)和(或)数量性状(如谷物产量、非生物和生物胁迫耐受性)相关的功能 SNP 可能导致个体之间表型的多样性。以前的研究已经使用 RNA-Seq 来识别相对较小的基因组(如大麦)和较大的基因组(如小麦)[22]中的 SNP。

2.3.3　选择性剪接

通过 RNA-Seq 数据,可以将同一基因选择性剪接(alternative splicing,AS)相关的原始读物组装成全长异构体,然后识别和表征相应的 AS 事件。长读测序(PacBio/OxfordNanopore)是产生全长转录序列,检测 AS事件和异构体的理想解决方案。

在不同的生物学过程中,AS 在产生转录组和蛋白质组多样性方面的功能作用已经很明显。在一个茶树品种的茶叶中,大约 64% 的基因经历了 AS 事件,其中许多事件受到高温、干旱及其联合胁迫的影响。群体中自然产生的剪接变异被用于检测特定的 AS 事件;反过来,这些事件被用作盐胁迫下作物 GWAS 的生物标记物。对番茄果实、幼苗和花组织的比较转录组分析揭示了更多在水果中发生的事件。大约 60% 的番茄外显子基因经历 AS 事件,其中内含子保留(intron retention,IR)是普遍存在的事件。此外,在果实发育早期,基因表达优先在同型水平上进行调节。

2.3.4　MicroRNA 图谱分析

RNA-Seq 可以识别和鉴定不同类别的 $17\sim200bp$ 的小非编码 RNA(ncRNA),包括微 RNA(microRNA,miRNA)、小干扰 RNA(siRNA)、piRNA(与 Piwi 蛋白相互作用的 RNA)、tsRNA(转运 RNA 衍生小RNA)、核仁小 RNA(snoRNA)和核小 RNA(snRNA)。几乎所有类型的RNA 会发生串扰,特别是 miRNA。这类丰富的 miRNA 通过与目标转录本上的 miRNA 反应元件(MRE)的互补结合,在基因的调节和解除调节中扮演中介分子的角色。此外,ncRNA 和 mRNA 的共同定位和共同表达,以及它们之间的相互作用已经建立得很好[23]。miRNA基因可以在基因组的外显子、内含子和基因间隔区找到,它们主要定位在一起,形成簇,通常作为一个单一的转录单位转录在一起。

自从在线虫中首次报道 miRNA 以来,已经在许多的生物中发现了不同的 miRNA。几项研究表明,它们参与了各种生物过程,并有可能改变关键的农艺性状。利用 RNA-Seq,研究人员已经报道了棉花和拟南芥中的 miRNA 在各种逆境(高温、干旱和盐度)中的功能。此外,利用RNA-Seq,在陆地棉及其最接近的祖先物种中发现了许多新的保守miRNA及由其推测的基因靶标,其中大多数是参与调控纤维生长发育和逆境反应的转录因子。

2.3.5 单细胞 RNA-Seq

细胞特有的转录组变化对于理解整个组织、器官和器官系统中的单个细胞或细胞组至关重要。单细胞 RNA-Seq(scRNA-Seq)可以用来测量单个细胞中单个基因的表达及其表达水平在整个细胞群体中的分布。scRNA-Seq 可以阐明决定细胞命运的内在细胞过程和外部刺激之间的复杂相互作用,还可以促进新物种或调节过程的发现。目前许多的scRNA-Seq 方案在细胞分离的方法上有所不同,由于某些类型细胞培养困难和活细胞精准分离问题,相关研究仍然受到限制。

2.3.6 转录组学研究设备

目前成熟的转录组测序技术共有两种:二代转录组测序技术和三代转录组测序技术。目前,二代转录组主要由 Illumina 测序平台(图 2-5)完成,价格便宜,读长短(一般是 PE150),但是读数量巨大,6GB 数据量就有2000 万的读长,适合用来做表达定量。三代测序主要由 PacBio 和 Nanopore 测序平台完成,价格远高于二代测序。优点是读长长,适合用来获取全长基因或者研究基因结构,但是读数量一般,不适合用来定量基因表达。

　　传统二代转录组测序无法直接获得单个 RNA 分子由 5′到 3′的全部序列。基于 PacBio 三代测序平台(图 2-6)的转录组研究,无需打断,直接读取反转录的全长 cDNA,能够有效地获取高质量的单个 RNA 分子的全部序列,准确辨别二代测序无法识别的同源异构体(isoform)、同源基因、超家族基因或等位基因表达的转录本。

HiSeq 2500　　　　　　NovaSeq 6000　　　　　　MiSeq

图 2-5　二代转录组测序 Illumina 测序平台

PacBio Sequel　　　　　PacBio RS II　　　　　PacBio Sequel II

图 2-6　三代转录组测序 PacBio 测序平台

2.4　代谢组学及其在农学领域的应用

　　代谢组学是继基因组学和蛋白质组学之后新近发展起来的一门学科,是系统生物学的重要组成部分,是研究生命体中所有代谢产物(小分子化合物)变化规律的科学,通过比较不同实验组之间代谢物的系统性差异来研究生命现象,并揭示其内在规律。在 DNA—RNA—蛋白质—代谢物这一中心法则框架内,代谢组学处于生命动态系统最下游,最接近于表型,它不仅是表型的描述性指标,还可以通过调节基因组、转录组、蛋白组等多组学来影响机体的生理功能。目前,代谢组学迅速发展并渗透到疾病诊断、医药开发、毒理学、环境学、植物学及农作物抗逆等多个研究领域。

2.4.1 代谢组学在农学领域中的应用

(1)多组学联合研究:代谢是基因和表型之间的桥梁,代谢产物是基因和蛋白表达作用的终产物,代谢组学在揭示农作物基本生活和规律方面发挥着越来越重要的作用。

(2)植物微生物互作研究:植物根际土壤本就是微生物高度活跃的区域,植物和微生物的共存共同促进植物的生长发育,植物在与微生物共存的过程中产生的自身免疫应答反应,代谢物发挥着非常重要的作用。

(3)植物性状、品质评价:通过代谢组的检测方法,构建不同品种之间的代谢特征谱库数据模型,更加数据化,直观准确地评价植物品质。

(4)农作物遗传育种:一个是转基因育种的代谢谱评估,另一个较为重要的是植物的抗逆研究。

2.4.2 代谢组学研究设备

代谢组学的主要目标是研究复杂的提取物,以进行代谢研究和天然产物的发现。为了实现这一目标,植物代谢组学依赖于精准和选择性地获取所有可能的化学信息,其中包括最大化检测到的代谢物的数量及其正确的分子分配。气相色谱与质谱联用(GC-MS)、液相色谱与质谱联用(LC-MS)和核磁共振(NMR)被认为是获得植物提取物代谢物图谱的强大平台(图 2-7)。GC-MS 常用于定性和定量测定有机化合物的纯度和稳定性,并用于鉴定混合物中的组分。GC-MS 通常用于许多不同的领域,包括用于大气、土壤、水,以及农作物风味、香味、特殊成分等研究[24]。核磁共振波谱是一种先进的表征技术,用于在样品的原子水平上确定分子结构。除了分子结构,核磁共振波谱还可以确定相变、构象和构象变化、溶解度和扩散势等。虽然核磁共振不如质谱学灵敏,但这个分析平台具有许多特点,包括它的高重复性和定量能力,以及能够识别复杂混合物中的未知代谢物,并且能够在体内或体外追踪同位素标记底物的下游产物[25]。

NMR平台   GC–MS平台   LC–MS平台

图 2-7   代谢组学研究平台

(图片来源 https://www.abace-biology.com/non-targeted-metabolism.htm)

2.4.3   代谢组学与作物抗逆性和品质

代谢组学作为系统生物学的重要组成部分,揭示了不同物种间、同一物种不同组织及同一物种同一组织在不同逆境胁迫下代谢图谱的差异。代谢组与基因组、转录组、蛋白组及表型组等其他组学的整合为植物代谢组的鉴定、代谢途径解析及植物响应逆境胁迫的生化遗传基础研究提供重要参考依据。同时,代谢组学与其他组学整合后结合反向遗传工具可快速筛选植物与环境互作的抗性基因、选育抗性品种,是助力农作物稳产的重要手段[26]。

代谢组学作为植物体内代谢组检测的重要手段,为发现植物特异积累的代谢物及与逆境胁迫响应的标志代谢物提供参考依据。当植物体受到不同逆境胁迫时,体内响应蛋白首先被激活,再激活下游的信号蛋白(如蛋白激酶、丝裂原活化蛋白激酶、转录因子及热激蛋白等),进而激活代谢途径相关基因的表达,促进黄酮类和萜类等物质的积累以增强植物体对逆境胁迫的耐受性。Chmielewska 等对干旱敏感和干旱耐受的大麦品种的蛋白组和代谢组的分析发现,干旱耐受的大麦品种叶片和根中苯丙烷代谢相关酶的表达及氨基酸类物质含量的增加参与大麦抵抗干旱[27]。Yang 等通过对玉米抗病相关的数量性状位点 qMdr 9.02 精细图谱分析表明,该位点编码一个咖啡酰辅酶 A 甲基转移酶(ZmCCoAOMT2),通过调控木质素代谢参与南方叶枯病和灰斑病的抗性[28]。Zhu 等通过番茄群体的 mGWAS(代谢物的全基因组关联分析)找到了参与番茄风味调控的物质并解析了风味物质调控的机制[29]。

2.5 基因型与表型关联及应用

2.5.1 QTL 辅助表型选择

QTL 图位克隆是表型与基因组特定位置基因型之间的统计关联分析,这个过程中表型和遗传变异信息都非常重要[30]。通过杂交后代群体,我们能够得到基因型与表型变异信息,其中表型变异比较容易观察到,基因型变异则需要区分不同品种的一系列的标记。最初的标记利用连锁可见的一些表型特征(如种皮颜色等),随后发展成使用范围更广的分子标记(如前面提到的 RAPD、AFLP、SSR、SNP 等)。目前,SNP 因其庞大的数量及更高的图谱分辨率成为图位克隆中首选的分子标记。这些分子标记不一定是导致表型变异的遗传位点,而是作为确定目标等位基因的一种手段。一旦可以获取基因型和表型信息,可以通过使用基本统计技术(ANOVA、标记回归)进行单标记分析,并将每个基因组位置的标记与表型关联起来。

2.5.2 GWAS 辅助表型选择

分子育种从单标记应用开始,截至目前,MAS 在实践中依然发挥着关键作用。利用已验证和新发现的组合标记有可能提高基因组选择的预测准确性,因此,可结合理论和实践来研究这些标记所产生的影响。全基因组选择(genomic selection,GS)成功的关键因素:使用全基因组标记来捕获大效应和小效应因果突变的信号。由于 GS 方法也可用于 GWAS[31],GWAS 中排名靠前的标记随后在岭回归(ridge regression)的两个步骤中可用于 GS 分析。随着测序技术的不断改进,因果突变被纳入 GS 模型。直接的好处是在世代之间保持预测的准确性,因为紧密连锁标记和因果突变之间的连锁不平衡错误在理论上不那么频繁。间接的好处是验证突变的数量增加,为传统的 GS 模型提供了选择。除了将 GWAS 和 GS 集成在一个过程中[如 SUPER BLUP(最佳线性无偏估计)]之外,还有几种方法可以先进行 GWAS,然后将 GWAS 的结果合并到 GS 流程中。

随着测序技术的改进,已经开发了将因果突变具体纳入 GS 模型的各种方法。①将相关标记作为固定效应纳入。一项模拟研究表明,该方法提高了 RR-BLUP 模型的预测准确性,且每个模型都能解释至少 10% 的遗传方差[32]。真实性状也表现出同样的趋势。②对标准 GS 模型进行扩展,以包括因果突变的额外随机效应。额外的随机效应有其自身的核心,是来源于一项全基因组关联研究中峰值处的标记。③对传统 GS 模型中的基因组关系矩阵-内核或核心进行修改,以增加因果标记的权重。这样一个基因组关系矩阵是从加权方法中衍生出来的。在加权方法中,一个性状下的偶然突变比其余的全基因组标记具有更强的权重。在模拟研究中,当基因组关系矩阵对因果突变进行加权时,预测精度提高了1.67倍。④MultiBLUP 方法将染色体分为多个片段。根据似然比检验对其中一些部分进行合并。剩余的非关联 SNP 合并成一个片段作为背景。为每个片段构建基因组关系矩阵,并分配给 gBLUP 中的多个随机效应。对人类疾病特征的初步测试表明,与其他 GS 方法相比,该方法准确性有所提高。然而,在其他物种中的测试发现,由于性状和物种的不同,MultiBLUP 的结果是不一致的。

在实际应用中,当 GS 模型被修改为用以解释峰值标记性状关联时,研究会得到混合的结果。当在训练集中进行的 GWAS 的峰值相关标记被作为固定效应协变量时,在水稻中评估的 4 个性状中的两个性状的预测准确度提高了 10% 以上。同样,当 GS 模型中包含一个作为固定效应协变量的主效应 QTL 时,小麦 6 个头枯萎病性状的预测精度提高了 3%～14%。

其他研究使用该方法时,预测准确性会略有提高,甚至降低。当 GWAS 的峰值关联被纳入 gBLUP 和 Bayes B 模型的固定效应共变时,11 个水稻特征中的 9 个和奶牛数据集中 2/3 性状的预测准确性提高了 0.1%～1.0%[3]。同样,当 mGWAS 信号被作为 GS 模型的固定效应协变量时,观察到预测的准确性和偏差均增加。在一项针对玉米和高粱的模拟研究中,当在训练集上进行的 GWAS 峰值相关标记被纳入 RR-BLUP 模型时,216 个模拟遗传性状中只有 60 个性状的预测准确性得到了提高。此外,该研究观察到复制性状的预测准确性方差增加,以及预测准确性偏差增加,包括固定效应等标记。在 GS 模型中将峰值 GWAS 信号作为随机效应纳入时,获得了类似的混合结果。虽然由已知主效基因控制的奶牛生产性状的可靠性提高了 5%,但乳腺炎和生育率的预测准确性提高较小,这两个性状的主效基因在奶牛品种中没有得到一致的报告[34]。当加权基因组关系矩阵基于 GWAS 结果而不是数量性状核苷酸的模拟效应时,预测准确性降低。这些混合结果表明,直接解释 GS 模型中的峰值相关基因组信号并不能保证预测准确性的提高,并且这种增强 GS 模型的性能取决于性状的遗传结构。GS 模型用于解释主要效应位点的适应性仍然是一个相对未开发的研究领域。系统研究此类增强 GS 模型的预测准确性(作为样本大小的函数)将有助于阐明它们对不断增加的可用数据量的效用。

2.6 育种管理系统

农业生产过程中,粮食产量及生产水平的提高主要是通过作物育种研究来实现的,通过对作物的遗传改良,选育高产、稳产、优质的农作物优良品种,以此来提高作物的单位面积产量和效益。但是传统的育种方式主要依靠人工,过程繁复,耗时耗力,无法完全准确掌握育种人员所需的全部数据。因此为了实现传统育种向大规模商业化育种的转变,提高育种效率,育种管理系统平台逐渐得到育种行业人员的关注和使用。它凭借自身的多项功能优势,大大简化了育种过程,节约资源,全面提高作物育种的信息化管理水平,加速新品种选育的进程。

育种管理系统是一个基于网络的一站式系统,为现代化育种提供全流程信息化管理,将育种团队的育种环节(亲本选育、材料组配、品种测试、数据分析、育种材料筛选评估、数据采集、种质资源管理)有序衔接,实现育种材料条码化规范管理,育种数据的标准化、程序化、电子化集成管理,构架有价值育种数据库,并结合数量遗传学、生物统计、遗传学研究成果进行育种数据的定性定量分析,提高育种选择效率。育种管理系统还可为育种单位提供遗传参数评估分析、育种材料筛选评价等育种模型构建、育种软件订制开发等。

目前,农博士育种管理系统、孟山都数据科学技术平台和先正达作物解决方案是应用广泛的育种管理系统,可为育种家提供育种数据采集、管理、分析一体化解决方案。

2.6.1 农博士育种管理系统

农博士育种管理系统目前已成功应用于玉米、水稻、小麦、谷子、高粱、番茄、西瓜、甘蔗、花卉、大豆等30多种植物育种领域。它具有以下功能。

(1)组合管理:提供手动及计算机辅助配组两种方法;按年度、配组人等多角度查询配组结果,为亲本材料评价和下步组合选配提供参考。

(2)试验管理:提供对比法、间比法、完全随机区组等常用试验设计方法,支持田间育种材料图形化排布,自动生成电子记载本。

(3)数据采集与管理:综合管理育种过程中获取的文字、数值及性状特征图片、分子标记图谱信息,提供多种形式数据获取及多层次的数据筛选查询,可对比查看数据和照片。

(4)数据分析与选种决策:提供方差分析、配合力分析等常规统计分析;提供 DOPSIS 等多种综合评判方法,通过设定权重,糅合育种家的经验,辅助育种家筛选出综合性状优良的材料。

农博士育种管理系统具有以下特点:支持性状个性化设置;利用 NFC 电子标签识别育种材料,利用育种信息采集终端(PDA)快速上传数据;实现远程登录、异地数据快速汇总;支持育种材料从亲本圃到产量试验多个世代的数据追溯;具有 10 余种统计方法,辅助育种家更加科学地筛选优良材料;实时查看试验进度,为下一步育种计划制定和实施提供参考;实时查看组合进度,为亲本选择和配置优势组合提供参考,从源头提高育种效率;系统功能及数据权限自定义,满足不同用户角色权限定制和数据安全需求。

2.6.2　孟山都数据科学技术平台

美国旧金山和德国汉诺威-孟山都公司旗下气候公司(Climate Coporation)拥有的 Climate FieldView 平台融合了数字技术,为农民提供农业数字解决工具。Climate FieldView 平台通过整合田间数据传输、农艺模型、天气监测功能,帮助农民掌握农田信息,并实现数据的可视化分析。气候公司首席执行官 Mike Stern(麦克·斯特恩)表示,数字带动农业变革,帮助全球更多的农民深入了解农田状况,借助便捷易用的数字工具,农民可利用数据提高农田运营管理水平。全球已有超过数百万英亩的农田应用 Climate FieldView 平台。

2018—2019 年,Climate FieldView 平台在德国、法国和乌克兰的农田进行了大量商业化测试。借助气候公司提供的创新数字分析工具,Climate FieldViewDrive 与欧洲境内许多类型的设备(包括播种机、喷药机和联合收割机)互联,帮助农民通过统一的平台,收集并分析自己的所有数据,获取有价值的农田管理建议,挖掘每一寸土地的产量潜能。自2015 年正式推出至今,Climate FieldView 平台在美国、加拿大和巴西的应用面积已超过了 7.2 亿亩,用户超 10 万。

Climate FieldView 平台简单易用,可轻松实现所有数据的统一收集及分析,帮助农民提前计划农田管理,并做出最佳农田管理决策。

2.6.3　先正达作物解决方案

先正达拥有行业内最广泛的产品组合,围绕水稻、玉米、大豆、谷物、多种大田作物,特种作物,蔬菜,甘蔗等核心作物,为种植者提供整合的解决方案,帮助种植者实现更少投入、更多产出。

先正达大豆植保综合解决方案提倡"绿色防控,先行一步",提供大豆从播种到收获的全程保护。使用绿色认证产品,以先正达种子处理技术及安全除草技术为主,结合中后期防病防虫、植物激活与抗逆管理,提升大豆的产量及品质。先正达水稻解决方案致力于通过稻之道综合种植管理方案来帮助农民增加水稻产量,改进稻谷品质,并以简单的、分阶段的方案来实践这一目标。先正达玉米解决方案——好开始,高产量:量身定做方案,优化田间管理技术,降低生产风险,增加收益。先正达小麦解决方案提供小麦播种到收获的全程保护。先正达 15 年来致力于研究马铃薯生育期内各阶段特点和病虫害发生规律,设计并逐步完善整体解决方案。凭借欧洲先进的种薯生产技术及丰富的马铃薯病虫害防治经验,为中国马铃薯生产基地和种植户量身定制了马铃薯整体解决方案,通过点对点客户支持服务与专业栽培技术指导,发挥先正达方案"保护""系统"和"服务"三大特点,降低种植风险,满足中小型马铃薯种植户的生产效率和种植回报率提升的需求,获得种植户"有效、可靠"的广泛认可。

参考文献

[1]REUZEAU C, PEN J, FRANKARD V, et al. TraitMill: A discovery engine for identifying yield-enhancement genes in Cereals[J]. Molecular Plant Breeding, 2005, 3(5):753-759.

[2]NICULESCU A B, LULOW L L, OGDEN C A, et al. PhenoChipping of psychotic disorders: A novel approach for deconstructing and quantitating psychiatric phenotypes[J]. American Journal of Medical Genetics Part B Neuropsychiatric Genetics, 2016,141(6):653-662.

[3]KIM K D, KANG Y, KIM C. Application of genomic big data in plant breeding:

Past, present, and future[J]. Plants, 2020,9(11):1454.

[4]MAXAM A M, GILBERT W. A new method for sequencing DNA[J]. Proceedings of the National Academy of Sciences, 1977,74(2):560-564.

[5]SANGER F, NICKLEN S, COULSON A R. DNA sequencing with chain-terminating inhibitors[J]. Proceedings of the National Academy of Sciences of the United States of America, 1977,74(12):5463-5467.

[6]LI F, HARKESS A. A guide to sequence your favorite plant genomes[J]. Applications in Plant Sciences, 2018,6(3):e01030.

[7]EGAN A N, SCHLUETER J, SPOONER D M. Applications of next-generation sequencing in plant biology[J]. Botany, 2012,99(2):175-185.

[8]EID J, FEHR A, GRAY J, et al. Real-time DNA sequencing from single polymerase molecules[J]. Science, 2009,323(5910):133-138.

[9]XIE S Q, LEUNG A W, ZHENG Z X, et al. Applications and potentials of nanopore sequencing in the (epi)genome and (epi)transcriptome era[J]. Innovation (NY), 2021,2(4):100153.

[10]NAISH M, ALONGE M, WLODZIMIERZ P, et al. The genetic and epigenetic landscape of the *Arabidopsis* centromeres[J]. Science, 2021,374(6569):eabi7489.

[11]WENG Z, RUAN F Y, CHEN W, et al. Long-range single-molecule mapping of chromatin modification in eukaryotes[J]. BioRvix, 2021.

[12]ZHANG S, LI R, ZHANG L, et al. New insights into *Arabidopsis* transcriptome complexity revealed by direct sequencing of native RNAs[J]. Nucleic Acids Research, 2020(14):14.

[13]WANG Q, BAO X, CHEN S, et al. AtHDA6 functions as an H3K18ac eraser to maintain pericentromeric CHG methylation in *Arabidopsis thaliana* [J]. Nucleic Acids Research, 2021(17):17.

[14]WANG Y, ZHAO Y, BOLLAS A, et al. Nanopore sequencing technology, bioinformatics and applications[J]. Nature Biotechnology, 2021,39(11):1348-1365.

[15]XU C, REN Y, JIAN Y, et al. Development of a maize 55 K SNP array with improved genome coverage for molecular breeding[J]. Molecular Breeding, 2017,37(3):1-12.

[16]LIU J, HE Z, RASHEED A, et al. Genome-wide association mapping of black point reaction in common wheat (*Triticum aestivum* L.)[J]. BMC Plant Biology, 2017, 17(1):220.

[17]LEE Y G, JEONG N, KIM J H, et al. Development, validation and genetic analysis of a large soybean SNP genotyping array[J]. Journal of Cell Science, 2015,81(4): 625-636.

[18]WANG J, CHU S, ZHANG H, et al. Development and application of a novel genome-wide SNP array reveals domestication history in soybean[J]. Joural Report, 2016,6(1):20728.

[19]DONG Z, CHEN Y. Transcriptomics: Advances and approaches[J]. Science China Life Science, 2013,56:960-967.

[20]HAO T, NIKOLOSKI Z. Machine learning approaches for crop improvement: Leveraging phenotypic and genotypic big data[J]. Journal of Plant Physiology, 2021,257:153354.

[21]SRIPATHI V R, ANCHE V C, GOSSETT Z B, et al. Recent Applications of RNA Sequencing in Food and Agriculture[M]// Louis I V S. Applications of RNA-Seq in Biology and Medicine. IntechOpen, 2021.

[22]TROUILLON T, WELBL J, RIEDEL S, et al. Complex embeddings for simple link prediction[J]. JMLRorg, 2016,6:2071-2080.

[23]GERARDO T, ANTHONY R, MILAN F, et al. A new class of cleavable fluorescent nucleotides: Synthesis and optimization as reversible terminators for DNA sequencing by synthesis[J]. Nucleic Acids Research, 2008,36(4):e25.

[24]BRANDS M, GUTBROD P, DRMANN P. Lipid analysis by gas chromatography and gas chromatography-mass spectrometry[J]. Plant Lipids, 2021,2295:43-57.

[25]SELEGATO D M, PILON A C, NETO F C. Plant metabolomics using NMR spectroscopy[J]. Methods in Molecular Biology, 2019,2037:345-362.

[26]张凤,陈伟.代谢组学在植物逆境生物学中的研究进展[J].生物技术通报,2021, 37(8):11.

[27]CHMIELEWSKA K, RODZIEWICZ P, SWARCEWICZ B, et al. Analysis of drought-induced proteomic and metabolomic changes in barley (*Hordeum vulgare* L.) leaves and roots unravels some aspects of biochemical mechanisms involved in drought tolerance[J]. Frontiers in Plant Science, 2016,7:1108.

[28]YANG Q, HE Y, KABAHUMA M, et al. A gene encoding maize caffeoyl-CoA O-methyltransferase confers quantitative resistance to multiple pathogens[J]. Nature Genetics, 2017,49(9):1364-1372.

[29]ZHU G, WANG S, HUANG Z, et al. Rewiring of the fruit metabolome in tomato breeding[J]. Cell, 2018,172(1-2):249-261.

[30]AKLILU E. Review on forward and reverse genetics in plant breeding[J]. All Life, 2021,14(1):127-135.

[31]MCGOWAN M, WANG J, DONG H, et al. Ideas in genomic selection that transformed plant molecular breeding: A review OUTLINE[J]. Preprints. org, 2020.

[32]BERNARDO R. Genomewide selection when major genes are known[J]. Crop Science, 2014,54(1):68-75.

[33]ZHANG Z, OBER U, ERBE M, et al. Improving the accuracy of whole genome prediction for complex traits using the results of genome wide association studies[J]. PLoS One, 2014,9(3):e93017.

[34]BRØNDUM R F, SU G, JANSS L, et al. Quantitative trait loci markers derived from whole genome sequence data increases the reliability of genomic prediction[J]. Journal of Dairy Science, 2015,98(6):4107-4116.

3 趋势篇

随着生物技术的发展,传统育种方式也得到了改进,如何快速高效地利用海量数据进行数据分析成为一个关键问题。人工智能技术的出现,很好地解决了这一问题,使作物育种更加精准而高效。目前人工智能领域与育种相关的研究方向包括机器学习、自然语言处理、知识表示、自动推理、计算机视觉和机器人学。近年来,知识图谱也成了一个与人工智能相结合的热门方向。越来越多的研究表明,第三代的图表示学习,尤其是图神经网络(GNN),极大地促进了侧重于节点和侧重于图的各种图上计算任务的发展。GNN 带来的革命性进展也极大地促进了图表示学习在现实育种场景中的广泛应用。

3.1 人工智能表型识别技术体系

3.1.1 光学传感器技术

光学传感器和基于传感的表型技术已成为提高作物特性选择和遗传增益的高通量表型的主流方法[1]。最先进的光学传感器与多尺度表型平台的相互结合,能够在整个生命周期内,对大量植物表型特征进行定量分析。光学传感表型(OSP)技术的发展标志着作物表型化的新数字化时代。迄今为止,OSP已经在植物科学、功能基因组学、作物育种和农业食品工业等领域被广泛采用。

光衰减的量化可以通过使用光学传感器测量植物材料中的再膨胀或植物材料传输的光量来进行,这在很大程度上取决于植物的物理和化学特性。因此,根据不同波长的电磁响应,研究者开发了一系列光学传感器和诱因方法,包括X射线计算机断层扫描、红绿蓝色彩(RGB)成像、叶绿素荧光(ChlF)、高光谱和多光谱成像、热成像、拉曼成像(或光谱)和磁共振成像(MRI)。X射线检测原子内壳电子转换释放的能量,而RGB和ChlF传感器则可检测原子价电子转换引起的能量变化。高光谱和多光谱成像对原子、电子和分子振动过渡引起的能量变化做出反应。热成像、拉曼成像和MRI可对细胞过渡中的分子颤动做出反应。飞行时间(ToF)技术、光探测和测距(激光雷达)测量可变距离,通过激光脉冲在三维结构中生成精确形态。传感器是作物表型检测的关键组成部分。然而,每种传感器获得的表型特征都受到传感器特性的约束,每种传感器在测量植物特定表型方面具有各自的优势。如果植物学家、生物学家和育种学家充分了解传感原理,就可以最大限度地发挥OSP中这些传感器的功能。RGB传感器是最受欢迎的传感器,它具有高的空间分辨率、信号与噪声比(SNR,简称信噪比)、吞吐量,以及良好的环境适应性和可重复性。高光谱(或波长有限的多光谱)成像在高光谱分辨率下,也可以获得广泛的表型特征。ChlF能够用适当的传感器规格来捕捉光合作用活动,尽管其性能可能因不同的探测器而异。X射线、ToF和激光雷达主要用于测量形态特征。X射线可以获得详细的内部三维结构信息,具有良好的空间分辨率、信噪比及可重复性,但是其吞吐量低、环境适应性差,成本较高。ToF和激光雷达有利于用更高的吞吐量和更好的环境适应度来描述树冠形态。热成像通常用于获取与表面温度相关的生理特征,但空间再渗透和可重复性相对较差,其性能容易受到环境因素的影响。拉曼成像具有较高的光谱分辨率、信噪比和可重复性。MRI适用于获得形态特征,特别是在控制条件下的根表型,但是其吞吐量和空间分辨率较为有限。

为了获得更高的电容性和更好的性能,在基因时代,光学传感器被集成到各种平台中,无论是在(半)受控环境还是开放式环境,都能满足不同表型操作的要求。受控环境包括台式机和传送系统,通常用于评估组织和单个植物的表型特征,对生物进行整个生长季节的连续观测,分辨率和准确性都很高。开放式表型平台包括卫星、无人驾驶飞行器(UAV)、无人地面车辆(UGV)、龙门平台和现象杆。卫星、UAV 和 UGV 平台可以克服台式机和传送系统在高通量检测方面的局限性。Gantry 和 Pheno-poles 平台可以在有限的监测区域内同时记录环境因素和表型数据,用于测量基因与环境的相互作用(G×E)。然而,由于它们的成本高,且位置比较固定,这些平台大多用于培育理想的种质。快速发展的便携式设备,如叶扫描仪,将成为在(半)控制和开放式环境中实施现场测量的最具优势的装备。

RGB 成像已用于评估各种玉米基因型的叶滚动分数,以进行潜在的高通量表型采集。它还可用于评估直立叶的大小,这是谷物作物的一个特别重要的产量相关特性。3D 成像被用于改善空间分辨率,获取形态特征的详细拓扑信息。获取植物三维坐标的传感器主要包括多视图立体声系统、激光雷达和 ToF 摄像机。多视图立体声系统因其低成本和较好的效果,同时具备特制的多视图系统及机器人化的摄像头,在玉米等中小型植物中具有巨大的应用潜力。多视图技术与激光雷达和 ToF 摄像机相结合,可提高 3D 点云坐标的准确性。安装在 UAV 上的激光雷达不仅可用于提取树冠结构,还可用于描述作物密度。Jimenez-Berni 等设计了一个低成本的 UGV 系统与激光雷达,用于测量植物高度和地面覆盖度,且准确性较高,证明了该系统提供科学、可靠表型数据的潜力[2]。此外,激光雷达、立体相机、高光谱和多光谱成像也可用于大规模表型检测。但是与 UAV 和 UGV 相比,卫星空间分辨率低、费用昂贵、精度低。

叶绿素和类胡萝卜素是两种主要的光合作用色素,可使用 RGB、高光谱成像、ChlF 成像,以及叶、茎端的可见和近红外(Vis-NIR)光谱进行评估。除了评估色素含量外,明确营养物质和代谢物含量对于改善作物施肥至关重要。叶片氮含量是估计作物生长状况和氮肥利用效率的主要指标,可使用叶绿素计、ChlF 成像、NIR 光谱成像进行评价。此外,拉曼光谱可用于评估玉米的营养含量。组学的最新发展为 OSP 提供了针对性生化标记阵列的途径,如未定位的脚本、蛋白质和生化信号。这些生化成分可以作为蛋白质含量的理想标志,从而改善功能遗传研究、育种和农业管理。

非生物和生物胁迫直接影响叶子和根的表型。因此,RGB 成像已被专门用于识别水稻和小麦作物疾病并评价其严重程度。通过开发一个深度学习的机器视觉框架,并从大量的 RGB 图像中学习重要特征,可以准确识别生物胁迫。叶子的光合作用能力是影响谷类作物产量的一个重要特征。ChlF 成像和高光谱成像获得的特征可以探索不同小麦品种的光合作用和叶暗呼吸的变化。ChlF 参数与气体交换产生的参数相结合,有助于了解脱水对磷合成的影响。UAV 热成像技术可用于识别具有耐旱基因型的小麦。高光谱成像与先进机器学习相结合可被应用于实验室和大田条件下的研究。

产量和品质是育种者和农民最关注的后收成特征。OSP 为育种者积累了大量表型图片数据,可用于提高对理想作物特性的认识,最终目标是开发具有稳定、可靠、高产和高品质的作物生产线。在高吞吐量下获得多种特性的能力,对育种计划和促进功能遗传学研究至关重要。具有集成光学传感器的高通量表型(HTP)平台已经被用于筛选小麦、水稻和玉米的各种优势特征,这些特征可以用于开发具有理想特性的精英品种。大量的研究已经完成了表型谷物质量的谷物分级,生殖质量评估和掺杂评估。形状、营养成分和水分含量等关键种子特征难以手动筛选。然而 RGB 成像可以通过自动化和计算机视觉技术来克服手动筛选谷物评估中的限制。超光谱和多光谱成像可以同时提取谷物形态学、生化和生理特征,因而被广泛应用于评价谷物质量。热成像也是评估种子品质的工具。OSP 另一个重要目的是确保粮食安全。霉菌可导致谷类食品生产损失,致病真菌产生的霉菌毒素对人体健康构成严重威胁,真菌属黄曲霉菌、青霉素等能够产生有毒且致癌的二次代谢物。高光谱和多光谱法已普遍应用于识别水稻、玉米和小麦中的霉菌毒素,并取得了令人满意的效果。OSP 的出现促使谷物品种的标识更具科学性,从而被广泛应用于粮食与食品行业。

在美国、中国和欧洲国家,关于谷物作物的 OSP 研究越来越多。OSP 对于未来育种具有巨大潜力,因为它表现出更高通量和非侵入性优势。精度高、易于使用的光学传感器的快速开发,可能是促进广泛采用OSP 的另一个助推器。农业和植物科学是最重要的两个 OSP 相关研究领域,这是因为作物表型对于提高作物生产力、质量和适应性至关重要。OSP 是一个多学科的研究课题,预计 OSP 的成功应用可能需要不同领域研究人员的共同努力。必须指出,OSP 仍处于技术初始阶段,因为学术论文仍然是这一领域研究成果的主要类型。高光谱传感器已成为监测谷物作物表型最流行的工具,其搜索结果同时涵盖光谱学成像。目前 OSP相关的研究主要集中在玉米、水稻和小麦这三种主要谷物上。从长远来看,OSP 必将在提高谷物产量和质量方面发挥重要作用。虽然从大量的生成数据中提取知识十分具有挑战性,但还是可以通过处埋、存储和利用大数据,对作物表型进行科学的表征提取。

常见的 OSP 数据处理流程图包括数据预处理、数据挖掘、数据应用(图 3-1)[1]。原始数据校准和降噪预处理对于确保高质量数据集是非常必要的。数据挖掘是表型大数据分析的核心,它利用统计方法、深度学习和机器学习等方法,从光学传感数据中获取关键表型特征。植被偏差(VI),如规范化偏差植被指数(NDVI)和绿叶指数(GLI),通常通过统计分析作为树冠结构和特征的指标。深度学习是一种先进的机器学习方法,已经引起了广泛的关注,并在表型数据挖掘方面得到广泛应用。为了应对深度学习模型的黑匣子预测器,研究人员开发了一个基于深度学习的框架,该框架可以提取表型植物的可解释特征。此外,基于辐射转移理论的 WISEAN 模型等机器学习方法为从光学传感数据中提取表型特征提供了解决方案(图 3-1)。

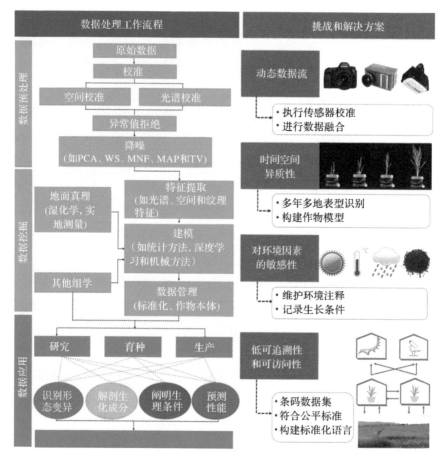

图 3-1　处理表型数据的工作流程及克服表型数据集固有局限性的解决方案[1]

事实上,该工作流程已能够满足当前典型表型任务的需求。首先,分析传感器生成的动态表型数据集是具有挑战性的,因为它们需要不同的数据处理程序。其次,数据包含不同生长阶段(时间和空间异质性)的整个植物或部分植物的信息。再次,OSP 大数据容易受到复杂的环境因素的影响,如温度、湿气和土壤条件,这些因素必须被同时考虑(易受环境因素影响)。最后,由于各种表型的可追溯性和可访问性低,OSP 数据经常在实验室和大田之间进行跟踪和访问。以下几个方案可以解决这些固有的局限性:①对所有传感器进行校准并进行数据融合;②获取多年和多地的表型数据,并开发模拟植物生长的模型;③在记录增长条件的同时,保持对 OSP 期间环境因素的详细注释。弥合表型数据与遗传变异之间的差距至关重要,从而才能开发出适应不断变化的环境的品种。光学传感器的优势在于易于与环境传感器集成,以确保环境条件与表型数据的同时分析。在这一过程中,存在两个关键问题:①如何在作物建模中巧妙地纳入关键的环境变量,以促进在不同生长条件下作物表型特征的解析,特别是大田作物的非生物应激研究;②如何在三维空间中对作物表型进行鉴定。已有研究人员利用高频表型平台,在大田和环境控制条件下开发空间表型鉴定方法。对于植物应激表型,Khanna 等提出了一个空间光谱框架,可以安装或部署在农业机械或机器人上[3]。具有多个传感器的高通量表型系统可在不同环境条件下,对不同基因型作物进行表型采集,从而提取多个品质特性用于 GWAS 分析。建立适当的基因模型已成为处理空间数据的主要方法,高通量、无损表型和建模方法的进步有利于更好地了解植物的生长、发育、基因与环境相互作用。因此,如何在基因功能研究中从生理生态学角度绘制遗传和表型信息图谱,最终实施谷物育种计划,仍然是育种者和遗传学家面临的首要问题。

3.1.2 计算机视觉技术

计算机视觉与人工智能有密切联系,但也有本质的不同。人工智能的目的是让计算机去看、去听、去读。图像、语音和文字的理解,这三大部分基本构成了现在的人工智能。而在人工智能的这些领域中,视觉又是核心。视觉识别是计算机视觉的关键组成部分,如图像分类、目标定位与检测、文字识别、生物特征识别等。此节针对计算机视觉技术在计算育种中的应用程度,详细介绍细粒度图像分类、目标检测两种技术。

3.1.2.1　细粒度图像分类

许多研究表明叶片图模式可用来识别植物物种,常用的叶片特征有形状、纹理、叶脉和颜色。然而依赖手工提取的特征,难以捕获植物品种之间的细微差异,有着较大的局限性。即使是领域内专家也很难简单通过叶片图像来区分不同品种。

细粒度图像分类无论在工业界还是学术界都有着广泛的研究需求与应用场景,与之相关的研究课题主要包括识别不同种类的鸟、狗、花、车、飞机等。基于深度学习的细粒度图像识别可以提取图像之间的细微差异,从而区分不同品种。

细粒度识别方法可以总结为三个范式:基于定位-分类子网络进行细粒度识别;基于端到端特征编码进行细粒度识别;基于外部信息辅助进行细粒度识别。

(1)基于定位-分类子网络

为了解决类内变化较大的问题,研究人员关注捕获具有辨别性的语义部分,然后建立中级表征,进而进行最终的分类。基于这种思想,定位-分类子网络的方法将细粒度图像识别分成两个子任务:先用一个子网络进行图像中的关键部分定位,定位通常采用 bbox 框或者语义分割掩模;再用一个子网络对这些关键部分进行分类。依靠 bbox 框或者语义分割掩模等定位信息,可以获得有辨别力的中级表征,还能进一步提高分类子网络的能力,进而增强最终的识别准确率。

早期的研究依赖额外的密集部位标注(又称关键点定位)来定位目标的语义关键部位。其中有一些方法学习了基于部位的检测器,如:Zhang等提出的基于区域的卷积神经网络(region-convolutional neural network,R-CNN)将多个部位的特征作为整个图像的特征,送到分类子网络进行识别。这类方法也被称为基于部位的识别方法,如图 3-2 所示[4]。

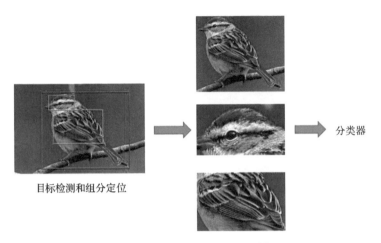

图 3-2　基于部位的识别方法[4]

（2）基于端到端特征编码

基于端到端特征编码的方法直接构建强大的深度模型，学习可判别的特征表达。其中最具有代表性的方法是 Lin 等提出的双线性卷积神经网络（CNN），如图 3-3 所示：通过两个深度 CNN（DCNN）提取出特征，经过外积相乘和池化后得到最终图像描述算子，进而对卷积激活的高阶统计量进行编码[5]。得益于大模型容量，双线性 CNN 方法取得了显著的效果。但是，高纬度的线性特征限制了实际应用，尤其是大规模应用。

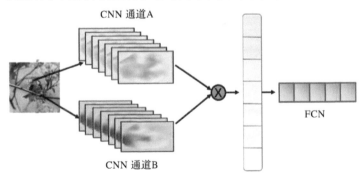

图 3-3　双线性 CNN 结构[5]

注：FCN，全连接层。

特征提取是决定图像分类的关键因素,可区别的特征对细粒度分类来说至关重要。传统基于人工特征的分类算法具有很大的局限性。深度学习尤其深度卷积神经网络在计算机视觉领域取得巨大成功,深度学习模型的识别能力已经超越人眼。深度卷积神经网络的优势:①其层级结构可提取图像的多层语义特征,包括图像的低级和高级的语义特征;②深度卷积神经网络可以学习更复杂的函数;③深度卷积神经网络不依赖于先验知识。深度卷积神经网络可以分为非轻量级和轻量级网络,两者的区别在于层级结构的复杂性。非轻量级网络层次数量多、参数多、结构复杂,需要计算机有较高的计算性能与存储能力。轻量级网络在保持原有非轻量级网络特征表达能力的基础上,精简网络结构。因此,相比于非轻量级网络,轻量级网络可以部署在移动端、工业生产等应用领域。

典型的非轻量级网络包括 LeNet、AlexNet、GoogLeNet、VGGNet、ResNet 等。LeNet 通过卷积、参数共享、池化等流程提取图像特征,再使用全连接神经网络进行最终的分类。AlexNet 的网络结构包括 5 个卷积层和 3 个全连接层,将 CNN 的基本原理应用到了更深的网络中。VGGNet 在深度和宽度上进一步加深网络结构,其核心是五组卷积操作,每两组之间做最大池化以空间降维。GoogLeNet 由多组 Inception 模块堆积而成,在网络最后采用均值池化层,并在池化层后加了一个全连接层来映射类别数。针对随着网络训练的加深,准确度下降的问题,ResNet 提出了残差学习方法来减轻训练深层网络的困难。每个残差模块包含两条路径,其中一条路径是输入特征的直连通路,另一条路径对该特征做两到三次卷积操作以得到该特征的残差,最后再将两条路径上的特征相加。

典型的轻量级网络包括 SqueezeNet、ShuffleNet、MobileNet 等系列。SqueezeNet 系列使用 Fire 模块进行参数压缩,Fire 模块通过压缩卷积模块进行维度压缩,再利用扩张卷积模块进行维度扩展。ShuffleNet 系列中,ShuffleNetV1 提出通道洗牌操作,使网络利用分组卷积加速;Shuffle-NetV2 提出通道分离操作,既可以加速网络,又可以特征重用,从而达到很好的效果。MobileNet 系列中,MobileNetV1 使用深度可分离卷积构建轻量级网络,降低网络参数;MobileNetV2 提出具有线性瓶颈的倒置残差单元,该单元模块首先将输入的低维压缩表示扩展到高维,使用轻量级深度卷积做过滤,然后用线性瓶颈将特征投影回低维压缩表示,整体网络准确率和速度都有提升;MobileNetV3 则结合自动化人工智能技术与人工微调进行更轻量级的网络构建。

（3）基于外部信息辅助

除了传统的识别范式外,另一种范式是利用外部信息,如网络数据、多模态数据、人机交互数据,进一步帮助细粒度图像识别。

· 网络数据

细粒度类别之间差异较小很难区分,迫切需要充足的高质量的数据,但是标注需要专业知识,并且细粒度类别往往有上千种之多,获取人类标注的数据难度较大。

一些研究人员利用互联网上免费的有噪声的数据来提升识别效果。目前,这方面的研究主要分为两个方向:①爬取有标注噪声的数据作为训练数据,主要的工作集中在缩小标准数据集的标注数据与网络数据之间的差距,减少噪声数据的负面影响。通常采用对抗学习和注意力机制来处理以上问题。②将高质量标注的训练数据上面学习的能力迁移到测试数据上,通常采用零样本学习或元学习的方法。

· 多模态数据

使用多模态数据可以提升细粒度识别的准确率,经常使用的多模态数据包括自然语言文本描述和知识图谱。结构化的联合嵌入方法通过收集文本描述,将文本和图像结合起来进行零样本细粒度图像识别。结合视觉流和语言流可实现二者互补,提高细粒度表达能力。

· 人机交互数据

通过人标注图像类别,筛选出难识别的样本,进行关键特征定位等操作,让系统理解人是怎样进行识别的,通过人与机器的合作来实现更好的细粒度识别。

早期基于植物叶片的品种鉴定与识别可以高效地开发具有高生产率

和高利润率的新品种,简化人工杂交筛选的过程。此外,植物叶片较易获取,拍摄条件简单,数据获取成本较低。因此,研究基于叶片图像的植物品种细粒度分类,对作物育种、生长、发育和产量具有重大意义,是未来的主要趋势。

3.1.2.2 目标检测

目标检测是计算机视觉领域中非常具有挑战性的研究方向之一,也是计算机视觉领域的基础研究任务。目标检测的目标是判断图像或视频中是否包含已知类别的目标,最终输出目标实例在图像中的空间位置和类别名称。目标检测的研究领域包括多类别目标检测、姿势检测、人脸检测、场景文本检测、边缘检测等,广泛应用于监控安全、自动驾驶、交通、医疗、生物、无人机场景分析等各领域。

按照是否定义先验锚框,基于深度学习的目标检测算法主要可分为两类:基于锚框的方法和无锚框方法。基于锚框的方法是利用显式或隐式的方式创建一系列具有不同尺度、不同长宽比的锚框,然后对锚框进行分类回归;无锚框方法没有预设锚框的过程,直接预测物体的检测框。

(1)基于锚框的目标检测方法

基于锚框的方法又包括两阶段目标检测和一阶段目标检测算法:两阶段目标检测算法在第一阶段生成锚框,在第二阶段分类回归,定位识别精度高,代表方法有 R-CNN、SPPNet(空间金字塔池化网络)、Fast R-CNN(快速 R-CNN)、Faster R-CNN(更快速 R-CNN)、FPN(特征金字塔网络)、Cascade R-CNN;一阶段目标检测算法直接进行分类回归,推理速度快,代表方法有 YOLO 系列、SSD(单阶多层检测器)系列、RetinaNet(视网膜网络)。这两类目标检测算法通常使用水平四边形框作为检测框对目标的位置进行框定。但在遥感检测、文本检测及农业作物育种等领域,目标通常倾斜、尺度及间隔小、背景复杂,以及可能存在旋转,使用水平检测框效果很差。旋转目标检测算法可以更精准定位。与水平目标检测不同,旋转目标检测需要检测目标的方向。

·两阶段目标检测算法

R-CNN 可分四个阶段:提取候选区域;缩放候选区域至特定大小;通过卷积神经网络提取特征;使用支持向量机(SVM)分类器得到提取特征的类别信息,通过全连接网络层的回归得到提取特征的位置信息。

SPP-Net 通过两点革新,优化了 R-CNN 的问题。①SPP-Net 将整个图片,而不是每个候选区,送入卷积提取特征,减少了运算量。②SPP-Net 在卷积层与全连接层之间增添了空间金字塔池化层,可以对不同尺寸的特征图进行池化,生成相应尺寸的特征图,避免因图像缩放导致的图像失真。

Fast R-CNN 网络是 R-CNN 和 SPPNet 的改进版,在相同网络配置下同时训练一个检测器和边框回归器。该方法对输入图像提取特征,得到感兴趣区域,之后运用感兴趣区域池化得到相同尺寸的区域,最后这些区域的特征被传递到全连接层的网络中进行分类,并回归返回边界框。

Faster R-CNN 是第一个端到端的深度学习检测算法,主要创新点是提出了区域选择网络用于生成候选框,大幅提升检测框的生成速度。该方法首先将图像输入卷积网络来获得特征映射,在特征映射上应用区域建议网络获得建议区域和分数。利用感兴趣区域池化使所有建议框修正到同样尺寸。最后将建议框输入全连接层,生成目标物体的边界框(图3 4)。

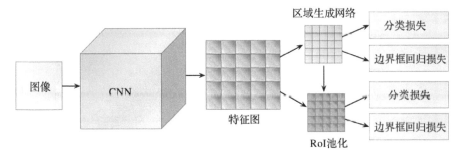

图3 4 Faster R-CNN 网络结构

注:RoI,感兴趣区域。

Mask R-CNN(掩模 R-CNN)在 Faster R-CNN 的基础上,通过添加 Mask 分支,实现了目标检测和语义分割的同步计算。Mask R-CNN 的主要革新:在 Faster R-CNN 网络的基础上增加了目标掩码作为输出量,对空间布局进行编码,使用双线性插值来确定非整数位置的像素,使得每个感受野取得的特征能更好地对齐原图感受野区域,达到对目标空间布局更加精细的提取(图 3-5)。Mask R-CNN 的不足之处:加入的 Mask 分支增加了计算量,尽管 Mask R-CNN 的空间精度更高,但是检测速度不如 Faster R-CNN。

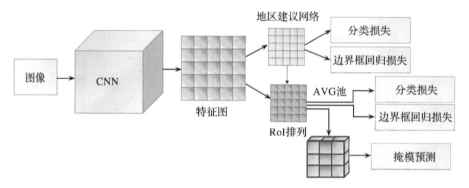

图 3-5 Mask R-CNN 网络结构

注:AVG,平均。

Faster R-CNN 完成了对目标候选框的两次预测,分别是区域建议网络和检测器。而 Cascade R-CNN 则在 Faster R-CNN 基础上,进一步将后面检测器堆联多个级联模块,并采用不同的 IoU(交并比)阈值训练,这种级联的 Faster R-CNN 就是 Cascade R-CNN。Cascade R-CNN 将二阶段目标检测算法的精度提升到了新的高度。

· 一阶段目标检测

YOLOv1 是第一个一阶段的深度学习检测算法,检测速度非常快。YOLOv1 算法将图像划分成多个网格,然后为每一个网格同时预测边界框并给出相应概率。YOLOv2 在速度和精度上有很大改进,引入了锚框的概念,提高了网络召回率。YOLOv2 网络去除了全连接层,网络仅由卷积层和池化层构成,保留一定空间结构信息;利用 K-means 聚类,解决了锚框的尺寸选择问题。相比于 YOLOv2,YOLOv3 借鉴了 ResNet 的残差结构,使主干网络变得更深,分类用 Logistic 取代 Softmax 函数,并采用三种不同尺度的特征图检测具有不同尺寸的对象(图 3-6)。

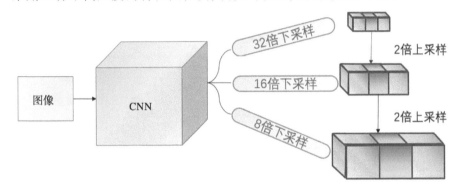

图 3-6 YOLOv3 网络架构

SSD 方法是对 YOLO 算法的改进,采用多尺度特征图对不同大小的目标进行检测,同时 SSD 直接采用卷积对不同的特征图进行特征提取,并对每个单元设置不同尺度的先验框,减小了训练的难度,因此对重叠或近邻的物体有更好的预测效果。

DSSD(反卷积单阶多层检测器,deconvolutional SSD)主要通过提高浅层的表征能力的方法,优化了 SSD 对小目标的检测能力。DSSD 使用更深的 ResNet-101 作为主干网络,增强网络提取的能力;修改了预测模块,添加了"短路连接",将各层次之间特征相结合。更重要的是,DSSD 增加了反卷积模块,反卷积模块与 SSD 中的卷积层网络构成了不对称的"沙漏"结构,更充分利用了上下文信息和浅层特征,从而提高了对小目标和密集目标的检测率。

RetinaNet 分析了一阶段网络训练存在的类别不平衡问题,提出自动调节权重的 Focal loss,使得模型的训练更专注于困难样本。RetinaNet 在精度和速度上都有不俗的表现。

两阶段目标检测方法从 R-CNN、SPPNet、Fast R-CNN、Faster R-CNN 到

Cascade R-CNN 的发展,是神经网络逐步优化的过程,每个算法适用于解决不同的问题:①R-CNN 解决了 CNN 中目标定位问题;②Fast R-CNN 解决了目标定位与分类的同步问题;③Faster R-CNN 解决了选择性搜索目标的耗时问题;④Mask R-CNN 实现了目标定位、分类和分割同步;⑤Cascade R-CNN 解决了单一检测模型中的 IoU 阈值选取问题。一阶段目标检测方法发展趋势是构造具有更强表达能力的主干网络以提升算法精度,以及各种新的损失函数以解决目标检测过程中样本不平衡等问题(图 3-7)。

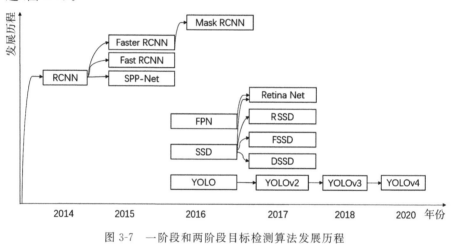

图 3-7　一阶段和两阶段目标检测算法发展历程

注:RSSD,彩虹单阶多层检测器(rainbow SSD);FSSD,融合单阶多层检测器(fusion SSD)。

· 旋转目标检测方法

计算育种领域中,像大豆、水稻、玉米这类作物的种子或叶子都比较小,相互遮挡、密集排列,同时存在生长方向任意、框倾斜的情况,因此利用旋转框检测效果更佳。目前旋转目标检测算法主要用于遥感图像检测及文本检测场景中,在计算育种领域应用较少。

雷达区域建议网络(radar region proposal network,RRPN)是第一个基于区域建议网络引入旋转候选框来实现任意方向的场景文本检测的方法,它将旋转感兴趣区域池化和旋转候选框学习加入候选框区域结构中,保证文本检测的效率,同时利用任意方向选择候选框修正方法,以提高任意文本检测的性能。

R3Det 构造了一个单阶段目标检测框架,包括主干网络和分类回归子网络,主干网络为特征金字塔网络,通过自上而下的路径和横向连接来增强卷积网络,从而有效地从单个分辨率的输入图像构建丰富的多尺度特征金字塔,每层金字塔均可以用于不同尺度的目标检测,同时提出特征精细化模块,利用特征插值获得修正的锚框的位置信息,将特征图重建为固定尺寸。

RoI Transformer 基于 Faster R-CNN 检测算法,提出了一种旋转感兴趣区域学习模块,它是将水平区域转换为旋转区域的可学习模块,这种设计不仅可以有效地缓解感兴趣区域与目标间的不对准问题,而且可以避免大量用于定向物体检测的锚框(图 3-8)。另外,设计了一个感兴趣区域旋转位置感知对齐的模块,用于空间不变特征提取;增加一个旋转感兴趣区域特征提取模块,可以有效地增强目标分类和边界回归。整个算法分为两个阶段:第一阶段即为 Faster R-CNN 算法,经过区域建议网络和水平感兴趣区域预测一个粗略的旋转框;第二阶段在第一阶段粗略的旋转框的基础上,提取旋转感兴趣区域的特征,对第一阶段进行修正。

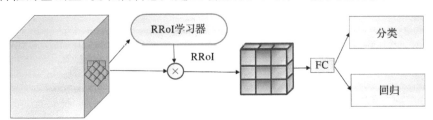

图 3-8　RoI Transformer 结构

注:RRoI,旋转感兴趣区域;FC,全连接层。

SCRDet 方法针对体积小、方向任意、分布密集的物体检测问题,基于 Fast R-CNN,设计了一种采样融合网络,SCRDet 通过特征融合将多层特征融合到有效的锚点采样中,提高对小目标的灵敏度(图 3-9);设计了有监督的多维注意力网络,减少背景噪声的干扰;设计了角度敏感网络,通过在平滑 L1 损失中加入 IoU 常数因子,解决旋转边界框回归的边界问题。

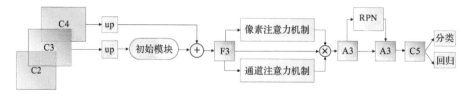

图 3-9　SCRDet 框架

注:RPN,区域生成网络。

（2）无锚框方法

基于锚框的方法由于锚框太多导致计算复杂,影响模型性能。无锚框方法通过确定关键点的方式来完成检测,大大减少网络参数的数量。

CornerNet 是无锚框方法的开创之作,该网络提出了一种新的对象检测方法,将目标边界框检测转换为关键点检测,即边界框的左上角和右下角,因此可以使用单一卷积模型生成热点图和嵌入式向量斜框目标检测方法。与 CornerNet 检测算法不同,CenterNet 的结构十分简单,它摒弃了左上角和右下角两关键点的思路,CenterNet 算法在 CornerNet 算法的基础上改进,将左上角、右下角和中心点结合,对边界框进行判断,不仅预测角点,也预测中心点:如果角点对所定义的预测框的中心区域包含中心点,则保留此预测框。同时通过级联角点池化和中心池化的策略,改善了各关键点的生成,利用生成边界框内部的信息来筛选出高质量的边界框,从而显著提升检测效果。特征选择无锚（feature selective anchor-free,FSAF）方法提出了一种无锚框特征选择模块用于训练特征金字塔中的无锚框分支,让每一个对象都自动选择最适合的特征。在该模块中,锚框的大小不再决定选择哪些特征进行预测,使得锚框的尺寸成了一种无关变量,实现了模型自动化学习选择特征。FCOS（fully convolutional one-stage object detection）网络是一种基于全卷积网络的逐像素目标检测算法,实现了无锚点、无建议框的解决方案,并且提出了中心度的思想,在召回率等方面表现优秀。

3.1.3 深度学习在植物表型识别方面的应用

深度学习是机器学习方法的类别之一,已成为吸收大量异构数据和提供复杂和不确定现象的可靠预测的多功能工具。这些工具正越来越多地被植物科学界用于解释高通量表型和基因型的大型数据集。

随着成像传感器的日益成熟、小型化,植物科学界已经累积了各种环境下和各种胁迫下的大量植物图像数据。这种执行高通量表型的能力使人们越来越倾向于使用自动化的方法,从这些大型数据集中提取有意义的生理特征(即症状和器官),从而识别和量化植物胁迫程度。

深度学习概念可以用于解决植物应激表型的四大类问题。这几类问题构成 ICQP 范式的一部分,首字母缩略词代表四个类别:身份识别(i-dentification)、分类(categorization)、定量(quantification)和预测(predic-tion)。这四个类别属于特征提取的连续体,可以从中推断出有用的信息。身份识别是指对规格应力的检测,即简单地识别所表现出的胁迫程度,例如大豆的猝死综合征或小麦的锈病。分类是识别的后一步,通过深度学习,根据胁迫症状对图像进行分类,分类目标是将视觉数据(叶片、植物体)放入一个独特的胁迫条件下(如低、中或高胁迫类别)。定量是指对涉及胁迫的更多特征进行量化,如发生率和严重程度。在植物病理学中,描述病害发病率的常见方法是统计单个植物上患病叶的百分比,或病害植物的数量在植物总数中所占的比例。病害严重程度是一个更详细的量度措施,并报告为受病害影响的植物组织面积(通常以百分比表示)在叶子或整个植物中所占的比例(通常以百分比表示)。预测是指在可见的胁迫症状出现之前评估胁迫的可能,这对及时发现植物应激和控制成本效益具有重大意义,是实现精确和规范农业的关键因素。

根据 Arthur Samuel(亚瑟·塞缪尔)的说法,深度学习是"一种可以让计算机在没有明确编程的情况下学习的学说"。在这里,我们区分使用"人工筛选"的机器学习技术与不需要任何"人工筛选"的深度学习技术,因为深度学习能够自动从图像数据中"学习"特征或表示。在机器学习中,人工筛选是指在训练前选择合适的特征(如 RGB 图像中的一个颜色通道)或转换[如尺度不变特征变换(SIFT)以增强机器学习模型的性能]。虽然机器学习专家根据数据和模型类型开发了不同的特征提取程序,但它们仍以启发式为主。因此,传统机器学习中的特征提取过程涉及耗时长的试错步骤,其成功与否可能取决于数据科学家的经验水平。在这方面,深度学习的基本优势之一是,它涉及一个自动的分层特征提取过程,通过学习大量的非线性表示执行决策,如分类。因此,深度学习模型通常与原始数据配合得很好,不需要依赖人工筛选的特征提取过程。

表型识别是计算育种当中的一个重要起点,传统的表型识别主要依赖于人工鉴定,其成本高昂、耗时、准确性不稳定,且大多数表型鉴定的技术要求性不高,只需要大量重复的劳动工作。对于一些靠人类视觉的表型鉴定来说,基于深度学习的方法可以快速准确地获取大批量样本的多种表型数据,大大缩短育种工作当中的表型识别工作时间,从而提高研究人员的育种实验效率。

基于深度学习的表型识别是目前表型识别研究的趋势,在许多表型识别研究中已有其应用,如植株叶脉的识别、病害检测、预测作物产量等,且研究发现不同的神经网络结构(AlexNet 和 GoogleNet 等)和神经网络框架[CNN、深度信念网络(DBN)、循环神经网络(RNN)和堆叠自编码(SAE)等]在不同表型的识别当中有着各自的优势。下面针对深度神经网络在作物产量预测、病害分类、植株叶片分类三方面应用的方法和技术分别进行介绍。

3.1.3.1 卷积神经网络算法预测作物产量

改进作物农艺管理是实现可持续发展的关键步骤。传统的农场管理导致了作物被过度施肥,多余的养分流失,最终污染了水系。尽管正在进行建模和数据生成方面的研究,但决策工具的改进尚未充分发挥其潜力。因此,需要新的方法来充分利用新的田间技术,创建决策支持系统(DSS),以帮助农民增加产量,同时考虑环境影响。

在过去的几十年里,人们提出了大量的关于环境和管理变量与作物产量的模型。它们可以分为统计作物模型和分析作物模型。分析作物模型是基于农民多次无法测量的变量的动态系统模拟;但统计作物模型受限于数据集的代表性,用于数据集内收集的情况可以获得很好的预测结果,但外推到数据集不包括的情况时,就不一定可以准确预测。田间精确试验(OFPE)常常通过生成田间管理产量响应的现场特定数据来改进经验模型。然而,在田间规模上,环境和管理变量(如施肥)的空间结构可能通过养分和水分输送等现象影响产量。因此,在试图建立产量预测模型时,环境和管理变量的空间结构起着重要作用。此外,不同解释变量之间的相互作用可能以非线性方式依赖于此类空间结构。为了更好地描述解释变量和响应变量之间的关系,许多空间计量经济学模型被开发用来解释数据的空间结构[6]。

预测作物产量对环境和管理变量的响应是优化养分管理的关键步骤。随着农业机械产生的数据量增加,需要更复杂的模型来充分利用这些数据。

伊利诺伊大学厄巴纳-香槟分校研究人员提出了一种 CNN 算法来捕获不同属性的相关空间结构(图 3-10—图 3-13),并将它们结合起来,以模拟产量对养分和种子率管理的响应;在玉米田进行了九次田间试验,构建了一个合适的数据集来训练和测试 CNN 模型;评估了在网络不同阶段结合输入属性的四种体系结构,并与最常用的预测模型进行了比较。结果表明,与多元线性回归相比,测试数据集均方根误差(RMSE)减少了68%;与随机森林相比,减少了 29%。此外,与数据空间结构相关的更高可变性利用了该框架的最大优势。

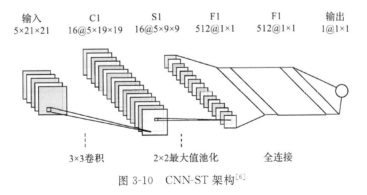

图 3-10　CNN-ST 架构[6]

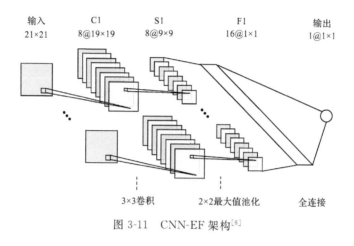

图 3-11 CNN-EF 架构[6]

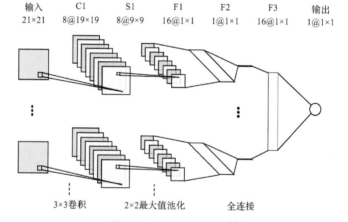

图 3-12 CNN-LF 架构[6]

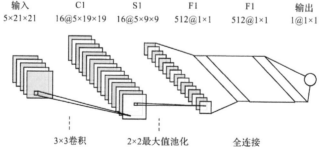

图 3-13 CNN-3D 架构[6]

来自美国圣路易斯大学地球与大气科学、计算机科学,普渡大学电气与计算机工程,以及密苏里大学植物学的研究人员共同合作,评估了基于 UAV 技术同时融合 RGB、多光谱和热传感器的多通道数据融合在 DNN 框架下估算大豆(*Glycine max*)籽粒产量的能力[7]。在美国密苏里州哥伦比亚市的一个测试基地,使用低成本多感官 UAV 收集 RGB 影像图、多光谱和热图像;通过利用偏最小二乘回归(PLSR)、随机森林回归(RFR)、支持向量回归(SVR)、DNN-f1 和 DNN-f2 方法提取冠层光谱、结构、温度和纹理特征等多通道信息预测作物籽粒产量。结果表明:①多通道数据的融合提高了产量预测精度,更适应空间变化;②基于 DNN 的模型提高了产量预测模型的精度,其中 DNN-f2 模型精度最高,R^2 为 0.720,相对 RMSE 为 15.9%;③基于 DNN 的模型在预测三种大豆基因型(*Dwight*、*Pana* 和 *AG3432*)籽粒产量方面表现出较好的适应性,且不容易受到饱和效应的影响(图 3-14)。此外,基于 DNN 的模型在空间上表现出一致的性能,空间依赖性和变化较小。该研究表明,在 DNN 框架下使用低成本 UAV 进行多通道数据融合,可以提供相对准确和稳健的作物产量估计,并为高通量表型和高空间精度的农田管理提供有价值的见解。

3.1.3.2　复杂神经网络结构的病害识别

Mohanty 等利用 54306 张图像来训练 DCNN(基于 AlexNct 和 GoogLeNet 架构),以识别来自 14 种不同地区作物物种的 26 种病害[8]。使用 AlexNet(从零开始训练)的训练模型准确率达到 85.5%,而使用 GoogLeNet(迁移学习)中彩色图像的训练模型准确率达到 99.35%。Ferentinos(费伦蒂诺斯)使用同一植物群落数据集和 VGG CNN,在识别植物胁迫方面获得了 99.5% 的成功率。结果表明,使用原始图像时,模型性能更好。然而,使用预处理图像并没有导致预测精度的明显降低,反而导致计算时间的显著缩短。当同时将来自大田和温室的图像用于检验时,模型的鲁棒性降低,这表明模型开发需要考虑目标应用场景。因此,需要最大限度地增加训练数据中代表真实情况的图像数量,才能生成可用于大田图像数据的深度学习模型。

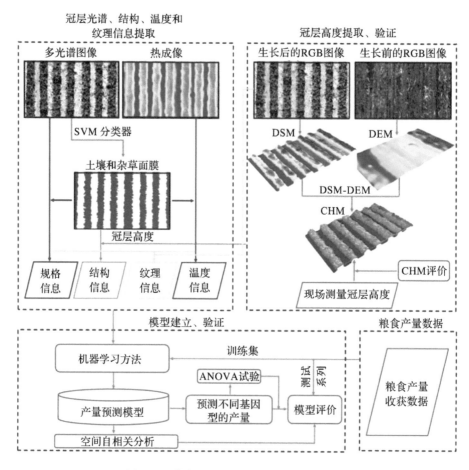

图 3-14　数据处理、特征提取和建模流程[7]

注:DSM,数字表面模型;DEM,数字高程模型;CHM,冠层高度模型。

　　为实现病害识别与分类的自动化,Amara 等在图像数据集上部署了 LeNet 架构[9]。他们选择并使用了三类来自植物工厂(Plant Village)的开源数据:健康植物、黑色香蕉叶斑病植物和黑色斑点(生物胁迫)植物的图像。深度学习适用于不同的照明、背景、分辨率、大小和方向条件下的识别和分类。该模型在健康-疾病二类分类问题中显示出良好的性能,利用小的学习率就可获得准确的结果。

　　在其他应用中,AlexNet 模型可用于苹果多种叶病(花叶病、锈病、褐斑病和黑斑病)识别,并且达到了 97.6％的整体准确度。在另一项研究中,Inception-v3 模型对木薯病害进行了训练,并显示出惊人的准确性,可识别三种木薯病害(木薯褐色线条病毒、木薯花叶病和褐斑病)和两种虫害(绿色和红色螨害),测试数据集的整体精度为 93％。

为了识别各种番茄病,研究者采用超分辨率与传统图像相结合的新方法,提高了病害图像的空间分辨率。超分辨率的卷积神经网络(SR-CNN)的识别效率超过了其他常规疾病分类方法。另一种新型的深度学习和数据融合方法被用于橄榄“快速下降”综合征的自动识别。该方法采用DNN 模型“抽象级融合”设计,检测率达到 98％以上。为了识别黄瓜中的各种病毒病害,使用 CNN 对 7 种病毒病害(甜瓜黄斑病毒、西葫芦黄色花叶病毒、瓜类褪绿黄化病毒、黄瓜花叶病毒、番木瓜环斑病毒、西瓜花叶病毒和绿斑驳花叶病毒)的图像进行了识别。该模型在四倍交叉验证下的准确性为 82.3％。同时进行了深入的 CNN 模型训练,以识别 13 种不同的植物病害。训练后模型在单独的类测试中实现了 91％～98％的精度,平均精度为 96.3％。2017 年,小麦病害数据库(WDD2017)部署了一种新的架构,该数据库由 7 个不同类别(6 种常见小麦疾病和健康小麦)的 9230 张图像组成。在这里,VGG-FCN 在疾病类别的识别精度方面优于 VGG-CNN 架构。使用 UAV 图像来识别萝卜的镰刀菌枯萎病。训练后深度学习模型能够检测出萝卜中的镰刀菌枯萎病,检测精度可达 96.7％。这种部署在 UAV 和 UGV 上的模型,在自动高通量表型、精确育种及针对性使用杀虫剂方面显示出巨大潜力。

也有研究采用深度学习方法检测番茄的生物胁迫(如灰霉病、叶霉病、晚疫病、白粉病,以及白粉虱等害虫)和非生物应激(如营养过剩和低温)。研究者开发了一个实时系统,能够使用非侵入的成像方法,在不同的照明、背景下捕获番茄果子形状、颜色、大小等图像,识别番茄在大田受到的胁迫。研究者使用了来自 ImageNet 挑战赛的最新深度架构,如AlexNet、ZFNet、VGG-16、GoogLeNet、ResNet-50、ResNet-101 和ResNetXt-101,以及基于深度学习的目标探测,如更快的 R-CNN、R-FCN

和 SSD。与其他架构相比，VGG-16 的 R-CNN 在识别叶霉病、灰霉病和白粉虱等胁迫方面表现更好。

为了识别和可视化番茄中的生物和非生物胁迫，从公共植物病毒数据库中获取了各种病毒（番茄黄化曲叶病毒和番茄斑萎病毒）、细菌（细菌斑点）和真菌病害（斑枯病、叶霉病、晚疫病和早疫病），以及害虫（如蜘蛛）的图像。共 14828 张图片（横跨 9 种番茄胁迫）用于训练深层建筑，如 AlexNet 和 GoogLeNet。在 ImageNet 数据集上进行预训练步骤以初始化网络权重后，通过用 9 个应力替换输出层来进行微调。GoogLeNet 在准确性方面优于 AlexNet。

为了自动诊断苹果黑腐病的严重程度，Wang 等使用严重性标签训练了深度学习模型，以识别从公共 Plant Village 数据集获得的苹果叶的健康和黑色腐烂图像[10]。在研究中，他们使用一组小的苹果黑腐病的图像训练，即健康（110 张图片）、病害早期（137 张图像）、病害中期（180 张图像）和病害晚期（125 张图像）。他们比较了从零开始训练的浅层网络的性能与通过迁移学习深度模型 VGGNet、Inception-v3 和 ResNet50 的性能。在这四个模型中，调谐 VGG-16 模型表现最佳，在测试数据上达到 90.4％的准确性，表明 DL 模型的实用性，即使在自动估计植物病害严重程度时，培训数据集也较小。

在最近的一项研究中，研究者开发了一个 DCNN 框架，使用可解释的深度学习框架来识别、分类和量化 8 种大豆胁迫。这种新颖的框架使用无人监督的方法精确隔离代表植物叶子上胁迫区域的视觉线索。这些视觉线索是 DCNN 模型最大限度用于决策的区域。视觉线索的无监督本地化用于量化胁迫程度。这是首创的植物胁迫量化方案，它避免了详细而昂贵的应力区域的人工注释，并开辟了基于图像的表型与精密农业的应用。

已有研究基于智能手机应用程序的框架，利用人工筛选的特征提取及监督机器学习方法，通过多级 SVM 的分层分类，实现病害严重性和非生物应激的分类和量化。这些策略是有效的，基于深度学习的框架可自动执行特征提取和分类步骤,为自动获取植物胁迫表型提供了巨大便利。UAV 和 UGV 等高通量表型工具对于实时植物应激表型尤其重要。

在 ICQP 范式的预测类别中,预测需要结合学习当前模式来预测胁迫的发展。在植物应激的情况下,这意味着即使评估时没有明显的视觉线索,也能够确定病害的存在。这可能是植物应激表型最重要的部分。在最近的一项研究中,研究者使用多式联运滑动窗口的 SVM(SW-SVM),利用环境和植物图像数据预测干旱胁迫。图像特征被称为 ROAF(由相邻的光流检测到的显著移动物体),它通过相邻的光流检测叶动态变化中的移动物体,使 DNN 能够根据植物枯萎过程,获取枯萎叶的状态,分析干旱胁迫,从而达到精确、稳定的干旱胁迫预测。多模式 SW-SVR 方法使用两种数据:通过 DNN 提取的图像数据[其中干旱胁迫变化直接表示为植物枯萎(通过 ROAF 捕获)],以及与植物应激相关的环境数据。

3.1.3.3 深度神经网络结构的植株叶片分类

目前,CNN 是应用最广泛的表型识别深度学习模型,其性能优于其他深度学习模型。来自法国和阿根廷国际信息与系统科学中心的研究人员使用 CNN 来解决叶脉识别植物的问题,并对三种不同的豆科植物(白豆、红豆和大豆)进行了分类实验[11]。传统的识别方法分为以下四个阶段。

(1)叶脉分割:首先需要对叶子进行标准的平面扫描,在经过非约束击中–击不中变换(UHMT)后得到叶子的二值化图像。

(2)中心区域提取:裁剪出二值化图像的中心区域(100×100),并舍弃其他区域,目的是消除叶子形状的影响。

(3)特征测量:在一些专业软件(如 LEAF-GUI)的帮助下提取出一组感兴趣的特征集合,该集合包括叶脉数、结点数和平均叶脉宽度等(图3-15)。

(4)分类:通过提取出的特征,使用 SVM、PDA 或随机森林(RF)等方法进行训练分类。

在(1)阶段中,为了突出不同层次的叶脉细节,对图像进行缩放(缩放因子为1、0.8和0.6),并将处理后的图像调整回原始大小。在(2)阶段中,输入有两种选择方案:①使用三种的累加图像组合;②保留三个输出图像和一个组合图像。这两种方案分别称为 S1 和 S2,如图 3-15。

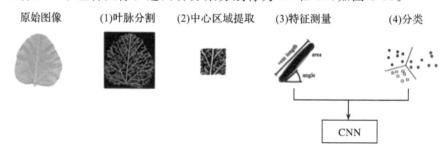

图 3-15　叶脉识别

而 CNN 方法替换了上面的(3)、(4)阶段(图 3-16),可以自动从训练集当中学习适当的特征来解决分类的问题,这意味着大家可以不关注如何设计特征提取的算法。为了公平地与传统方法进行对比,阶段(1)、(2)需确保滤除叶子颜色信息和形状信息,仅使用第二阶段的结果向 CNN 提供输入图像,数据集中每个样本有 4 个图像视为 CNN 输入的 4 个不同通道,这样便有两个输入模式:S1($100 \times 100 \times 1$)和 S2($100 \times 100 \times 4$)。实验中网络结构使用了不同数量的卷积层+Softmax,每个卷积层都是固定的卷积、池化和非线性激活操作。实验发现,无论选择哪种输入模式,精度都会随着模型深度的增加而提高。

总体来说,CNN 方法优于传统方法。虽然在白豆叶上 CNN 模型的准确率显著下降,但因白豆是数量最少的一类,这并不足以改变整体结果。

传统的品种分类方法通常存在植物表型特征提取方法比较复杂、不准确性高的问题。而一种结合 SAE 和 CNN 模型的组合深度学习方法不管相对于传统的分类方法,还是单独的 SAE、CNN、SVM 方法,都有明显更好的结果。SAE 是一种特殊的深度学习模型,已广泛应用于数据分类、图像识别、光谱处理和异常检测等方面。同样的,SAE 也可以应用于

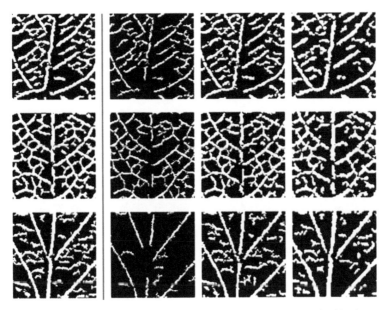

图 3-16　阶段（2）之后的一些样本（第一列对应 S1，S2 由所有列组成）

植物表型识别领域当中。针对传统机器学习方法对植物表型识别的分类准确度较低，来自南昌大学的研究人员[12]提出一个 K-稀疏去噪编码网络的分类方法，使用基于深度子领域自适应网络（DSAN）＋Softmax 分类器的方法进行植物叶片分类实验，其过程包括以下几步。

①图像预处理：图像去噪和灰度化等预处理。②训练：输入预处理完的数据进行前向传播，最后使用 Softamx 分类器进行分类，得到分类误差之后进行反向传播，从而更新整个网络的参数，重复此步骤。③分类：利用训练好的模型对数据集进行预测分类，得到实验结果。

实验通过评估总休准确度（OA）和平均准确度（AA）两个指标，采用公开的植物叶片图像数据库 MalayaKew（MK），比较不同网络模型在数据集上实验的分类结果。这种基于 DSAN 的网络模型在自动学习叶片图像中对更具有代表性的高维特征进行分类，并通过稀疏限制解决了网络模型过拟合的问题，因此取得了更高的分类准确度。

3.2 智能计算育种技术体系

3.2.1 多组学融合分析技术

植物表型不仅是由植物的基因型决定的,同时也是基因型和生长环境相互作用的结果。为了实现正常的功能,大多数基因的转录和翻译都受到时间和空间的精准调控。因此,要完整研究植物的生长发育动态和调控的分子机制,必须同时考虑包括基因组、宏基因组、表观基因组、三维基因组、单细胞组、转录组、空间转录组、蛋白质组、翻译后修饰的蛋白质组、代谢组、空间代谢组,以及离子组等多组学的研究结果[13]。相对于单纯的 GWAS 分析,不同组学之间的关联分析更有助于解析每一个发育特征是如何被精细调控的。目前已报道的多组学关联分析包括 mGWAS(基于代谢组的全基因组关联分析)[14]、EWAS(表观基因组关联分析)[15]、TWAS(全转录组关联分析)[16] 和 PWAS(全蛋白质组关联分析)[17]。不同组学之间的关联分析可以为我们提供更多的线索,并在很大程度上帮助缩小遗传变异与表型多样性之间的差异[18]。人们通过 mGWAS 和 GWAS 的独立分析,鉴定了一个新的控制水稻重要农艺性状——籽粒颜色和大小的关键候选基因[19]。在可预期的将来,将不同的组学研究整合为一个泛组学(panomics)关联分析,可通过强大的数据挖掘技术为我们研究复杂生物学性状的形成提供分子水平上更准确全面的信息[20]:①将基因组选择与依赖于环境的泛组学深度分析相结合,可以提高基于标记的性状表型预测的准确性;②在细胞、亚细胞和组织水平上的泛组学分析可以提供所选标记的基本功能信息;③将泛组学与基因组编辑技术相结合,可以提高和增强对重要育种基因的大规模功能验证,加速育种进程。从而发现由复杂的遗传和表观遗传机制控制的生理表型的靶基因和途径来促进作物改良,最终实现"精确育种",获得优良的可广泛用于生产的育种材料。

3.2.2　基因编辑技术

基因编辑(gene editing)技术是一种能比较精确地对特定目标DNA序列进行定点删除、插入或者碱基替换等操作的基因工程技术，是对DNA断裂及其修复机制的应用。在不同物种中用基因编辑技术可以获得新的功能或表型，甚至创造新的物种。早期的基因编辑技术，如锌指核酸酶(zinc finger nuclease，ZFN)技术和转录激活因子样效应物核酸酶(transcription activator like effector nuclease，TALE)技术存在成本高、操作难度大及难以实现多靶点编辑等缺点，而近年新兴起来的CRISPR/Cas系统则很好地解决了这些问题[21]。目前CRISPR/Cas系统已被广泛应用于动植物科学研究领域，而利用该基因编辑系统进行作物育种，也已经成为育种的热门领域。首先基因编辑技术方便、快捷，只要建立了稳定的遗传转化体系，便能获得重要性状相关基因功能缺失突变体，从而研究该基因的功能；其次，通过基因编辑改变某些调控区域可以获得数量性状相关突变体，从而准确快速地设计、改造作物品种；最为重要的是CRISPR/Cas基因编辑系统可以同时编辑多个基因，因而可有针对性地聚合多个优良性状，达到既提高作物的产量和抗性又改良作物品质的目的。目前基因编辑技术已应用于小麦、大豆和水稻等多种作物的育种中。2022年年初，我国农业农村部制定并公布了《农业用基因编辑植物安全评价指南(试行)》，指南规范了农业用基因编辑植物的安全评价管理，对于我国育种技术研发与产业推动具有里程碑意义。

小麦是世界上重要的粮食作物之一，其安全生产关系到我国乃至世界的粮食安全。中国农业科学院作物科学研究所团队，利用CRISPR/Cas9介导的多基因编辑技术，在冬小麦品种郑麦7698中，以穗发芽抗性相关($TaQsd1$)、氮吸收利用($TaARE1$)、株型($TaNPT1$、$TaIPA1$)、支链淀粉合成($TaSBEⅡa$)和磷转运($TaSPDT$)六个基因作为靶基因，实现了同时靶向2个、3个、4个和5个基因的定点敲除编辑，一代实现了多个优异等位基因聚合，成功获得了无转基因、聚合多个优异等位基因的小麦新种质[22]。

小麦白粉病是由真菌(*Blumeria graminis* f. sp. *tritici*)引起的一种世界范围内危害小麦产量的重要病害。中国科学院遗传与发育生物学研究所高彩霞团队和微生物研究所邱金龙团队合作,利用基因组编辑技术定向突变小麦的感病基因 *MLO*,获得了对白粉病具有广谱持久抗性的材料,展示了基因组编辑在复杂基因组农作物育种中的应用潜力[23]。之后,研究团队利用基因组编辑小麦突变体库获得一个新型 *mlo* 突变体 Tamlo-R32。该突变体表现出对白粉菌完全抗性的同时删除了 *MLO* 突变引起的负面表型,最终实现了抗病和产量的双赢[24]。

大豆是一种对光周期反应敏感的高温短日照作物,绝大多数品种只有在短日下才能从营养生长转入生殖生长,进而开花结荚。大豆的这一特性导致许多大豆品种在我国北方长日照地区种植时,往往晚花晚熟、生长期延长,甚至不能开花或正常成熟,而在我国南方短日照地区种植时,又过早开花、生长期缩短,产量降低甚至不能正常生长。这种特殊的光周期反应特性极大地限制了大豆的种植区域。中国农业科学院作物科学研究所植物转基因技术研究中心侯文胜团队通过 CRISPR/Cas9 基因编辑技术定点敲除大豆开花调控的关键基因 *GmFT2a* 和 *GmFT5a*,创造出更适合低纬度地区(中国南方)种植的突变体大豆品种[25]。

杂交水稻育种是水稻育种领域的一大突破,其中雄性不育系的培育,是杂交育种成功的关键。*TGMS* 是我国应用最广泛的温敏型雄性不育基因,华南农业大学庄楚雄教授研究团队,利用 CRISPR/Cas9 系统,在 *TMS5* 基因中诱导特异性突变,建立了最有效的 *TMS5ab* 构件,用于培育潜在适用的"清洁遗传改良"TGMS 系[26]。

3.2.3 数据库存储技术

随着新一代测序技术及育种技术的不断发展,育种过程产生更多可测数据,包括表型、基因型、杂交、种质和谱系数据等。面对如此大规模的育种数据,如何高效地进行数据分析处理、数据检索挖掘和数据可视化,对所有的育种工作者有着重要意义。高效合理的数据库通过实现对育种数据的存储、管理和查询,能够有效地帮助育种工作者做出准确及时的育种决策,提高整个育种工作的效率。因此,回答好构建怎样的数据库、如何构建数据库对于统一计算育种相关的知识库,提高计算育种技术的泛化性,具有长远的战略意义。此节对构建育种数据库可以参考的数据库类别进行扼要阐述,期望对计算育种有重要的启发。

3.2.3.1　关系数据库

关系数据库(relational database)是目前各类数据库中最重要,也是使用最广泛的数据库类型。它是创建在关系模型基础上的数据库,借助于集合代数等数学概念和方法来处理数据库中的数据,将现实世界中的各种实体及实体之间存在的联系使用关系模型进行描述。一个关系数据库是包含进入预先定义的种类之内的一组表格。每个表格(有时被称为一个关系)包含用列表示的一个或更多的数据种类。每行包含一个唯一的数据实体,这些数据是被列定义的种类。在计算育种的应用中,关系数据库的某一列可以表示为基因型、表型等特定的数据,他们应当属于同一数据类型;每一行可以表示同一个样本的所有信息。关系数据库具有容易理解、使用方便、便于维护的优点,但面对在一张数以亿计条记录的表里面进行结构化查询语言(SQL)查询,效率相对较低。

3.2.3.2　非关系数据库

非关系数据库(NoSQL 数据库)是非关系型数据存储的广义定义,它打破了长久以来关系数据库与 ACID[数据库事务正确执行的四个基本要素的缩写,包含原子性(atomicity)、一致性(consistency)、隔离性(isolation)和持久性(durability)]理论大一统的局面。NoSQL 数据存储不需要固定的表结构,通常也不存在连接操作。非关系数据库具有易扩展、大数据量、灵活的数据模型等特点。

非关系数据库可分为以下几种。

(1)面向列(column-oriented)的数据库:面向检索的列式存储是一种存储结构为列式的结构,等同于关系型数据库的行式结构,这种结构能够使系统具有更高的可拓展性。这类数据库还可以适应海量数据的增加及数据结构的变化,这个特点更加适应云计算的需求。

(2)键值(key-value)数据库:面向高性能并发读/写的缓存存储,其结构与数据结构中的哈希(Hash)表十分类似,每个键分别对应一个值,能够提供非常快的查询速度、大数据存放量和高并发操作,非常适合通过主键对数据进行查询和修改等操作。

(3)面向文档(document-oriented)的数据库:面向海量数据访问的文档存储,这类存储的结构与 key-value 非常相似,同样是每个键分别对应一个值,但是这个值主要以 JSON(Java Script Object Notations)或者 XML 等格式的文档来进行存储。这种存储方式适用于面向对象的语言。

(4)图数据库(graph database):近些年来,在大数据处理过程中有一种被广泛提及和使用的数据库,那就是图数据库。图数据库是一个使用图结构进行语义查询的数据库,它使用节点、边和属性来表示和存储数据。该系统的关键概念是图,它直接将存储中的数据项,与数据节点和节点间表示关系的边的集合相关联。这些关系允许直接将存储区中的数据链接在一起,并且在许多情况下,可以通过一个操作进行检索。图数据库更看重数据之间多变的关联关系,在数据类型多样、数据关系复杂的情况下,图数据库能够很清晰地表达数据之间的关联关系。在进行计算育种过程中,图数据库能够更加高效地存储基因型、表型等数据,能够更加清晰地描述和存储数据间的多样化关系。因此,在整个计算育种的过程中,借鉴图数据库能够为育种数据提供一个数据多样、关系清晰的存储结构,为提高计算效率、缩短育种周期提供存储基础。

3.3 基因型与表型耦联技术推动下的育种新时代

3.3.1 基于 GS 的表型预测

全基因组选择(GS)方法与普通的分子标记选择不同,是利用全基因组遗传标记对目标性状的效应进行累计,然后将累计效应作为性状的预测指标,评估后代材料的育种价值[26]。该方法能够将微效多基因调控的位点用于育种实践(图 3-17)。为了评估预测方法或育种方案的准确性,训练群体中个体的其他表型必须被适当掩盖以便对其进行有效的预测评估。由于大多数预测涉及的参数多于实际观测,因此适用于训练群体的模型存在过度拟合的问题,不能用于预测准确性的评估。预测验证必须在独立群体中进行,这些观测结果不用于参数预测。使用分离群体可以消除训练和验证过程中的偏离及错误观测数据,但在增加一定比例的独立群体作为训练群体时不能保证评估预测准确性。因此,交叉验证是评估预测准确性的主要方法之一。

在交叉验证过程中,整个群体被分为 k 份(例如,5 或 10)。其中一个为测试群体,其余为训练群体。然后,仅使用训练群体建立模型,并用于预测测试群体的表型。观察到的表型和预测表型之间的 Pearson 相关系数可以从当前测试群体中的个体计算出来。重复训练模型和预测单个测试群体表型过程,直到所有测试群体都单独被验证。单独计算每个测试群体的相关系数,取平均值,该最终精度值被称为"instant"预测准确度。或者可以使用所有群体的预测表型计算整体相关性,该精度值被称为"hold"预测准确度[27]。

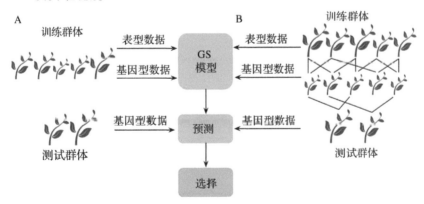

图 3-17 GS 原理

"hold"和"instant"方法均通过交叉验证来评估预测准确度。公众尚未充分认识到这两种方法之间的差异，因为文献报道中很少提供有关用于计算相关系数方法的详细信息，特别是对于具有大量负交叉验证预测权的 GS 模型。GS 模型可能存在与准确性计算方式相关的偏差。例如，玉米基因组预测研究中发现了从 -0.24 到 -0.42 不等的显著负相关系数[28]。这种偏差可能由预测符号的切换导致，或是无效假说下的预期偏差，即在交叉验证中观察到的表型和预测的表型之间没有相关性。

模拟和真实数据调查的"hold"和"instant"准确度之间的差异显示，这两种方法在某些情况下均表现出向下偏差。当预期准确度为零时，"instant"准确度保持无偏，而"hold"准确度为负偏，尤其是交叉验证数较多时这种现象更明显。"instant"准确度仅在预期准确度远离 0 和 1 且推断总体较小时才显示偏差。通过修改用于计算"instant"准确度的公式，可以将该偏差修正为几乎无偏的估计值。考虑到这些潜在偏差，未来涉及交叉验证准确度的报告也应包括有关准确度计算方法的详细信息。

除了使用的"hold"准确度和小样本群体相关性外，导致预测准确度偏差的还有许多其他因素，包括测试数据的选择、测试和训练群体之间的重叠，以及分割数据进行交叉验证之前 GWAS 特征的预选。由于有关交叉验证程序的具体细节被忽视或不完整，因此无法确定交叉验证错误促成了混合结果。适当的交叉验证程序首先涉及整个群体，然后只使用训练群体进行 GWAS。如果在将群体划分为训练群体和测试群体之前使用整个群体进行 GWAS，即使仅使用测试群体对相关标记的影响进行重新评估以进行预测，那么也违反了预测要求。

为了证明高估预测准确性的偏差，我们利用来自火炬松（*Loblolly pine*）标准数据集的 4853 个 SNP 模拟了 926 个个体中每个个体的随机数，结果显示表型和基因型之间没有相关性，预测准确度为零。训练群体中的模型在所检查的方法中都高出预估值。使用岭回归，或使用有效程序的 GWAS 辅助岭回归，测试群体的预测准确度为零。当使用无效程序进行 GWAS 来辅助岭回归时，可以得到 0.14 的平均正预测准确度。

许多因素会影响混合预测的准确性。

(1)训练群体和预测群体的遗传背景需要统一,这可以通过检查基于其基因型构建的亲本遗传图谱来验证。如果在一个地方收集表型,训练群体和预测群体之间的遗传差异将导致 GS 模型的过度拟合问题,这是由表型表达不足引起的。以玉米为例,如果温带和热带玉米在训练群体和预测群体中分布不均,并且表型是从温带地区收集的,则热带玉米的表型可能无法充分体现。

(2)亲本双方的亲缘关系和异质模式对于预测有效性至关重要,训练群体比预测群体少得多的 GS 预测可以达到理想的准确性,以支持预测。如果亲缘关系和异质模式不明确,F_1 表型的异质性则可能无法充分表现,这可能导致无法建立 F_1 混合体的基因型和表型之间的正确相关性。

(3)异质性通常涉及基因型和环境(G×E)之间的相互作用,包括宏观环境和微环境的影响。宏观环境是指主要生态区,即不同的积温度带;而微观环境是指同一生态区内不同的种植条件,如当地天气、营养状况、土壤微生物种群、致病性锥体病原体等。由于宏观环境主要影响由主效光基因调控的开花时间,在实施 GS 预测过程中,可以先根据基因型筛选出最佳生态区域的亲本材料,有利于训练群体和预测群体的选择。然后,基因型和光热时间的相关性可以表示为基因型特异的反应范数,从数量上表示 G×E 对表型变异的贡献。因此,当用近亲繁殖线的基因型和不同位置的光热时间时,可以预测开花时间,以帮助选择近亲繁殖线的最佳环境来构建训练种群。相比之下,微环境的影响可能过于复杂,无法准确建模。因为它的影响相对较小,并且波动较大。理想的解决方案是利用最佳线性无偏预测(BLUP)算法估算其对多区域现场试验中表型变异的贡献,以便准确模拟 GS 预测的遗传贡献。

3.3.2 基于机器学习的表型预测

全基因组选择方法通过建立统计模型,计算遗传标记的固定效应和随机效应,得到育种估计值和表型预测值。传统的表型预测模型可分为基于频率论的方法[最小绝对收缩和选择算法（LASSO）[29]，基因组最佳线性无偏预测（GBLUP）[30]，岭回归最佳线性无偏预测（RRBLUP）[31]等]和贝叶斯方法（Bayes A、Bayes B[32]）。频率论的模型侧重于推理，需要有力的假设，即假设检验和参数估计，例如对数据分布的假设。贝叶斯模型容许获得参数后验证全部研究对象的分布，然后在新证据不断积累的情况下调整参数。相比之下，基于机器学习的方法可以不那么严格，因为它们的唯一目的是尽可能准确地预测表型。快速发展的测序技术能够产生海量的数据，机器学习对于处理大批量数据具有极大的优势。此外，遗传标记对于表型的效应并不是简单叠加，机器学习方法考虑到了这一点，如CNN可以利用邻近 SNP 之间的相关性。

近期已有多项研究对传统的统计模型（LASSO、GBLUP、RRBLUP 和 Bayes B）、机器学习（SVM 和 RF）及深度学习模型（MLP、CNN 和 RNN）在多个育种数据集上进行了比较[33-35]。研究表明，基于深度学习的预测模型表现较好，预测准确度较高。总的来说，基于机器学习的预测模型表现优于传统的统计模型。G2PDEEP[36] 是一个开放式访问的网站平台，利用数据库或者用户上传的动植物 SNP 信息和定量表型构建深度学习模型，它在后端计算并可以实时监控进程，为不熟悉深度学习的育种研究人员提供服务。

特征选择是机器学习中优化模型的关键步骤。特征选择可以克服变量间共线性和模型过拟合的问题，提高预测准确度，还减少了模型的训练时间。育种的表型预测往往遗传标记的数量远大于训练群体的数量，因此遗传标记的筛选是一个重要的环节。依据经验，往往使用单个 SNP 与表型之间的 p 值来筛选显著的 SNP。此方法比完全随机筛选 SNP 要好得多。筛选的 SNP 的最优数量往往没有一个万能解。此外还可通过主成分分析（PCA）等降维方式来进行特征的选择。

训练集的优化是机器学习表型预测的另一个关键任务。从原始训练集中得到一个优化的训练子集能最大化地提高预测模型的准确度以提高全基因组选择的效率[37]。仅有三个公开的软件被开发用于 GS 中训练集的优化：STPGA[38]、TSDFGS[39] 和 TrainSel[40]。这些软件都基于 R 语言，通过遗传算法求解子集选择问题。相同的，训练集的最优数量也是一个未解决的问题。

3.3.3 基因知识图谱辅助育种

为了进一步研究基因、蛋白质、环境和表型等之间的相互作用，计算育种当前正尝试构建基因等单点的知识图谱。知识图谱可以对现实世界中相关的实体和其关系进行建模。比如，互联网公司做搜索和推荐，将用户、商品和商品类目、广告等元素构建成商品知识图谱，实现他们之间的关系建模。建模后，节点的抽象表示和关系计算就能量化。这对于统一计算育种相关的知识库，提高计算育种技术的泛化性，具有长远的战略意义。

知识图谱利用人工智能技术，融合基因大数据分析结果、已有数据库信息的知识，构建以基因功能为核心的实体关系网络（图 3-18）。在此基础上进行知识推理，发现基因相关的基因型、表型等各实体间的潜在关系，最大化提高自动分析平台对基因数据的描述能力，从而解决基因大数据分析，以及分子育种研究和生产中的数据解读、基因精准定位等问题，提高研究的质量和效率。

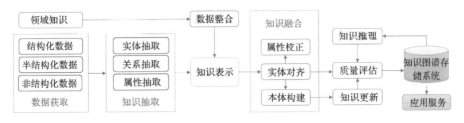

图 3-18　知识图谱构建流程图

知识图谱的构建包含数据获取、知识抽取、知识表示、知识融合、质量评估、知识图谱存储系统、知识推理等多个过程。此节仅对构建育种知识图谱中图计算的异构图嵌入技术进行扼要阐述。

异构图嵌入技术（heterogeneous network embedding，HNE）是一种对现实世界中的多模式和多类型对象及其相互作用进行建模的先进技术[41]。在计算育种领域,研究基因-环境互作对表型的影响问题时,基因、环境和表型对应不同的实体或节点,它们之间的相互作用则对应不同类型的边。为了解决育种相关节点或边的计算任务和推理预测,机器学习或深度学习任务需要找到节点的表示形式。而解决方法一般分为特征工程和特征学习。传统的特征工程依赖人工设计的特征,对应图特征工程则依赖节点度和属性特征等的统计信息;而特征学习则是自动学习图中的节点表示特征。在异构图建模中,考虑到下游任务的适配性和更好的性能,图的特征学习,即图表示学习可能得到更广泛的应用。因此,异构图嵌入技术是解决计算育种领域的基因-环境互作对表型影响问题的潜在建模方案。

异构图嵌入最重要的前提之一是同质性,即网络图中相近的节点应有相似的嵌入(embedding)表示。基于同质性和网络中广泛采用的平滑性,异构图嵌入可用一个用于表示所有已有和未来网络图共同目标的数学范式来表达:

$$J = \sum_{u,v \in V} \omega_{uv} d(e_u, e_v) + J_R$$

其中 $e_u = \varphi(u), e_v = \varphi(v)$ 是需要学习的节点嵌入向量,ω_{uv} 是邻近度权重,$d(\cdot, \cdot)$ 是嵌入距离函数,J_R 表示可能的额外目标,如正则化因子等。

基于以上共同的最大化的目标范式,HNE 技术可分为 3 类。下面将逐一介绍。

(1)邻近度保持方法

如前所述,网络嵌入的一个基本目标是捕获网络的拓扑信息。这个目标可以通过保持节点间不同类型的邻近度来获得。HNE 中临近度保持方法主要有两类:一类是以 DeepWalk(深度游走)触发的随机游走方法,一类是以 LINE 触发的基于一阶/二阶邻近度的方法。由于特定的亲密度矩阵的单层分解属性,这两类方法都属于浅网络嵌入。

A. 随机游走方法

a)metapath2vec[42]

metapath2vec 方法和 DeepWalk 很相似,迁移到异构图中主要有以下三点改进:①在随机采样时,按照预先定义好的采样节点类型序列进行采样;②邻居定义为与当前节点类型相同且相邻的点;③在 matapath2vec＋＋ 模型中,负采样时只采样当前类别的节点。

b)HIN2Vec[43]

HIN2Vec 模型分为两部分:基于随机游走的数据生成部分和表示学习部分。数据生成部分,基于随机游走和负采样生成符合目标关系的数据,以用于表示学习。表示学习部分是一个神经网络模型,通过最大化预测节点之间关系的可能性,同时学习节点和关系的表示向量。HIN2Vec 模型同时学习了节点和关系(元路径)的表示向量,这种多任务学习(multi-task learning)方法能够把不同关系的丰富信息和整体网络结构联合嵌入节点向量中。

B. 基于一阶/二阶邻近度的方法

a)PTE[44]

PTE 方法提出把异构图网络分解为多个二部图,每个二部图网络描述一种边类型。它的目标就是所有二部图网络的对数似然之和。

b)AspEm[45]

AspEm 方法假设每个异构图网络都由多个位面构成,每个位面定义为网络模式的子图。对于嵌入学习,提出一个不兼容的度量公式,通过选择多个合适的位面逼近目标范式。

c)HEER[46]

HEER 是在 PTE 的基础上做的扩展,进一步考虑了不同类型的边的完备度。

(2)消息传递方法

网络中的每个节点均有表示为特征向量的属性信息,记为属性特征向量。消息传递方法的目标是基于属性特征向量聚合节点的邻居信息来学习节点的嵌入。在最近的研究中,聚合/消息传递过程大量采用了图神经网络(GNN)。相比于基于邻近度的 HNE 方法,消息传递方法,特别是基于 GNN 的方法,由于具有多层可学习的映射函数,经常被称为深度网络嵌入。

A. R-GCN[47]

关系图卷积网络(R-GCN)有 k 个卷积层,最初的节点表示是节点的属性特征向量。在第 k 个卷积层,每个节点的表示向量通过累加邻居节点的向量和归一化进行更新。不同于常规的图卷积网络(GCN)模型,R-GCN通过学习多个表示不同类型边的卷积矩阵来考虑边的异构性。在消息传递过程中,有相同类型边的邻居将首先被聚合和归一化。节点的嵌入表示就是第 k 层的网络输出。

在无监督环境中,消息传递利用链接预测作为训练 GNN 的下游任务。具体地,目标是最大化异构网络中观察边的似然函数。R-GCN 通过负采样优化交叉熵。

B. HAN[48]

HAN(hierarchy attention network)方法不考虑一阶邻居,而是利用元路径(metapath)来建模高阶邻近度。给定一个元路径,节点的表示通过元路径中的邻居进行聚合。HAN 同时提出注意力机制来学习不同邻居的权重。值得指出的是,在无监督学习中,HAN 可以采用 Graph-SAGE 中的链接预测损失函数。

C. MAGNN[49]

MAGNN(metapath aggregated GNN)通过同时考虑基于元路径的邻居和元路径实例中的节点扩展了 HAN 方法。给定元路径,MAGNN 首先利用编码器将元路径所有节点的特征转换为一个单独的向量。在编码每个元路径实例后,MAGNN 提出元路径内的聚合函数来学习不同邻居的权重。

D. HGT[50]

受到文本表示学习中 Transformer 成功的启发,HGT 方法提出利用边的类型来参数化类 Transformer 的自注意力架构。具体地,对于每个边,它们的 HGT 将一个节点映射为 Query(查询)向量,一个节点映射为 Key(键)向量,然后计算它们的点积,作为注意力指标。在聚合邻居消息过程中,注意力向量作为权重参与更新向量。

（3）关系学习方法

知识图谱可视为异构网络的一个特例，本身是模式富集的。为了建模网络的异构性，已有的知识图谱嵌入方法通过参数代数算子显式建模边的关系类型，通常是浅层网络嵌入。相比于浅层的邻近度保持的 HNE 模型，由于实体和关系类型的数量庞大，知识图谱嵌入经常专注于三元组，而不是元路径或元图的打分函数的设计。

异构网络中的每个边可视为三元组，包括两个节点和一条边（对应知识图谱中的实体和关系）。关系学习方法的目标是学习一个打分函数，以评估任意一个三元组并输出一个标量，来衡量三元组可接受的程度。这在知识图谱嵌入中被普遍采用。

A. TransE[51]

TransE 将知识图谱中的实体和关系看成两个矩阵。实体矩阵结构为二维结构，其中行表示实体数量，列表示每个实体向量的维度，矩阵中的每一行代表了一个实体的词向量；同样的，关系矩阵也为二维结构，其中行代表关系数量，列表示每个关系向量的维度。TransE 训练后模型的理想状态是，从实体矩阵和关系矩阵中各自抽取一个向量，进行 L1 或者 L2 运算，得到的结果近似于实体矩阵中的另一个实体的向量，从而达到通过词向量表示知识图谱中已存在的三元组的关系。

B. DistMult[52]

与传统的基于距离的模型形成对照，DistMult 开发了一个基于相似度的打分函数。每个关系表示为一个对角矩阵，然后打分函数定义为双线性函数。值得指出的是，DistMult 仅用于对称关系建模。

C. ComplEx[53]

相较于实值嵌入空间，ComplEx 引入嵌入的复数值表示。与 DistMult 相似，ComplEx 也利用了基于相似度的打分函数。因为打分函数的非对称性，ComplEx 可以捕获非对称的关系。

D. ConvE[54]

ConvE 在简单的距离函数和相似度打分函数之上提出深度神经网络来给三元组打分。打分函数总体由卷积算子和向量化算子完成。

参考文献

[1]SUN D, ROBBINS K, MORALES N, et al. Advances in optical phenotyping of cereal crops[J]. Trends Plant Sci, 2022,27(2):191-208.

[2]JIMENEZ-BERNI J A, DEERY D M, ROZAS-LARRAONDO P, et al. High throughput determination of plant height, ground cover, and above-ground biomass in wheat with LiDAR[J]. Front Plant Sci, 2018,9:237.

[3]KHANNA R, SCHMID L, WALTER A, et al. A spatio temporal spectral framework for plant stress phenotyping[J]. Plant Methods, 2019,15(1):13.

[4]ZHANG N, DONAHUE J, GIRSHICK R, et al. Part-based R-CNNs for fine-grained category detection[C] // Computer Vision-ECCV 2014. Springer International Publishing,2014:834-849.

[5]LIN T Y, ROYCHOWDHURY A, MAJI S. Bilinear CNN models for fine-grained visual recognition[J]. IEEE, 2015.

[6]BARBOSA A, TREVISAN R, HOVAKIMYAN N, et al. Modeling yield response to crop management using convolutional neural networks[J]. Computers and Electronics in Agriculture, 2020,170:105197.

[7]MAIMAITIJIANG M, SAGAN V, SIDIKE P, et al. Soybean yield prediction from UAV using multimodal data fusion and deep learning[J]. Remote Sensing of Environment, 2020,237:111599.

[8]MOHANTY S P, HUGHES D P, SALATHÉ M. Using deep learning for image-based plant disease detection[J]. Frontiers in Plant Science, 2016,7:1419.

[9]AMARA J, BOUAZIZ B, ALGERGAWY A. A deep learning-based approach for banana leaf diseases classification[J]. BTW 2017,2017:79-88.

[10]WANG G, SUN Y, WANG J. Automatic image-based plant disease severity estimation using deep learning[J]. Comput Intell Neurosci, 2017,2017:2917536.

[11]GRINBLAT G L, UZAL L C, LARESE M G, et al. Deep learning for plant identification using vein morphological patterns[J]. Computers and Electronics in Agriculture, 2016,127:418-424.

[12]王雪,陈炼,肖志勇.基于深度稀疏自编码网络的植物叶片分类[J].南昌大学学报（理科版）,2019,43(6):606-610.

[13]SHEN Y, ZHOU G, LIANG C, et al. Omics-based interdisciplinarity is accelerating plant breeding[J]. Current Opinion in Plant, 2022,66:102167.

[14]LUO J. Metabolite-based genome-wide association studies in plants[J]. Curr Opin Plant Biol，2015，24：31-38.

[15]MTA B. Epigenome-wide association study（EWAS）：Methods and applications—ScienceDirect[J]. Epigenetics Methods，2020：591-613.

[16]WAINBERG M，SINNOTT-ARMSTRONG N，MANCUSO N，et al. Opportunities and challenges for transcriptome-wide association studies[J]. Nat Genet，2019，51(4)：592-9.

[17]BRANDES N，LINIAL N，LINIAL M. PWAS：proteome-wide association study-linking genes and phenotypes by functional variation in proteins[J]. Genome Biol，2020，21(1)：173.

[18]MISRA B B，LANGEFELD C D，OLIVIER M，et al. Integrated omics：Tools，advances，and future approaches[J]. J Mol Endocrinol，2018.

[19]CHEN W，WANG W，PENG M，et al. Comparative and parallel genome-wide association studies for metabolic and agronomic traits in cereals[J]. Nature Communications，2016，7：12767.

[20]WECKWERTH W，GHATAK A，BELLAIRE A，et al. PANOMICS meets germplasm[J]. Plant Biotechnol J，2020，18(7)：1507-1525.

[21]GAO C. Genome engineering for crop improvement and future agriculture[J]. Cell，2021，184(6)：1621-1635.

[22]LUO J，LI S，XU J，et al. Pyramiding favorable alleles in an elite wheat variety in one generation by CRISPR-Cas9-mediated multiplex gene editing[J]. Molecular Plant，2021，14(6)：847-850.

[23]WANG Y，CHENG X，SHAN Q，et al. Simultaneous editing of three homoeoalleles in hexaploid bread wheat confers heritable resistance to powdery mildew[J]. Nat Biotechnol，2014，32(9)：947-951.

[24]LI S，LIN D，ZHANG Y，et al. Genome-edited powdery mildew resistance in wheat without growth penalties[J]. Nature，2022，602(7897)：455-460.

[25]CAI Y，WANG L，CHEN L，et al. Mutagenesis of GmFT2a and GmFT5a mediated by CRISPR/Cas9 contributes for expanding the regional adaptability of soybean[J]. Plant Biotechnol J，2020，18(1)：298-309.

[26]ZHOU H，HE M，LI J，et al. Development of commercial thermo-sensitive genic male sterile rice accelerates hybrid rice breeding using the CRISPR/Cas9-mediated TMS5 editing system[J]. Sci Rep，2016，6：37395.

[27]ZHOU Y，VALES，ISABEL M，et al. Systematic bias of correlation coefficient may

explain negative accuracy of genomic prediction[J]. Briefings in Bioinformatics, 2017,18(5):744-753.

[28]MASSMAN J M, GORDILLO A, LORENZANA R E, et al. Genomewide predictions from maize single-cross data[J]. Theor Appl Genet, 2013,126(1):13-22.

[29]TIBSHIRANI R. Regression shrinkage and selection via the lasso A retrospective [J]. Journal of the Royal Statistical Society: Series B, 2011,73(3):273-282.

[30]VANRADEN P M. Efficient methods to compute genomic predictions[J]. Journal of Dairy Science, 2008,91(11):4414-4423.

[31]ENDELMAN J B. Ridge regression and other kernels for genomic selection with R package rrBLUP[J]. The Plant Genome, 2011,4(3):250-255.

[32]PEREZ P, DE LOS CAMPOS G. Genome-wide regression and prediction with the BGLR statistical package[J]. Genetics, 2014,198(2):483-495.

[33]SHOOK J, GANGOPADHYAY T, WU L, et al. Crop yield prediction integrating genotype and weather variables using deep learning[J]. PLoS ONE, 2021, 16 (6):e0252402.

[34]SANDHU K S, LOZADA D N, ZHANG Z, et al. Deep learning for predicting complex traits in spring wheat breeding program[J]. Front Plant Sci, 2020,11:613325.

[35]LIANG M, CHANG T, AN B, et al. A stacking ensemble learning framework for genomic prediction[J]. Front Genet, 2021,12:600040.

[36]ZENG S, MAO Z, REN Y, et al. G2PDeep: a web-based deep-learning framework for quantitative phenotype prediction and discovery of genomic markers[J]. Nucleic Acids Res, 2021,49(W1):W228-W236.

[37]ISIDRO Y S J, AKDEMIR D. Training set optimization for sparse phenotyping in genomic selection: A conceptual overview[J]. Front Plant Sci, 2021,12:715910.

[38]AKDEMIR D. STPGA: Selection of training populations with a genetic algorithm [J]. 2017.

[39]OU J H, LIAO C T. Training set determination for genomic selection[J]. Theor Appl Genet, 2019,132(10):2781-2792.

[40]AKDEMIR D, RIO S, ISIDRO Y S J. TrainSel: An R package for selection of training populations[J]. Front Genet, 2021,12:655287.

[41]SHI C, HU B, ZHAO X, et al. Heterogeneous information network embedding for recommendation[J]. IEEE Transactions on Knowledge & Data Engineering, 2017, 31(2):357-370.

[42]DONG Y, CHAWLA N V, SWAMI A. metapath2vec: Scalable Representation

Learning for Heterogeneous Networks[J]. ACM，2017.

[43]FU T Y，LEE W C，LEI Z. HIN2Vec：Explore meta-paths in heterogeneous infor-mation networks for representation learning[C]. Proceedings of the 2017 ACM on Conference on Information and Knowledge Management，2017：1797-1806.

[44]TANG J，QU M，MEI Q. PTE：Predictive text embedding through large-scale het-erogeneous text networks[C]. Proceedings of the 21th ACM SIGKDD International Conference on Knowledge Discovery and Data Mining，2015：1165-1174.

[45]SHI Y，GUI H，ZHU Q，et al. AspEm：Embedding learning by aspects in hetero-geneous information networks[C]. Proceedings of the SIAM International Confer-ence on Data Mining SIAM International Conference on Data Mining，2018：144.

[46]SHI Y，ZHU Q，GUO F，et al. Easing embedding learning by comprehensive tran-scription of heterogeneous information networks[C]. Proceedings of the 24th ACM SIGKDD International Conference on Knowledge Discovery and Data Mining，2018：2190-2199.

[47]SCHLICHTKRULL M，KIPF T N，BLOEM P，et al. Modeling relational data with graph convolutional networks[C]//GANGEMI A，NAVIGLI R，VIDAL M-E，et al. The Semantic Web. ESWC 2018. Springer，Cham，2018：593-607.

[48]WANG X，JI H，SHI C，et al. Heterogeneous graph attention network[C]. The World Wide Web Conference，2019：2022-2032.

[49]FU X，ZHANG J，MENG Z，et al. MAGNN：Metapath aggregated graph neural network for heterogeneous graph embedding[C]. Proceedings of the Web Confer-ence，2020：2331-2341.

[50]HU Z，DONG Y，WANG K，et al. Heterogeneous graph attention network[C]. Proceedings of The Web Conference，2020：2704-2710.

[51]BORDES A，USUNIER N，GARCIA-DURAN A，et al. Translating embeddings for modeling multi-relational data[C]. Proceedings of the 26th International Conference on Neural Information Processing Systems，2013：2787-2795.

[52]YANG B，YIH W T，HE X，et al. Embedding entities and relations for learning and inference in knowledge bases[J]. 2014. arXiv：1412.6575[cs. CL].

[53]TROUILLON T，WELBL J，RIEDEL S，et al. Complex embeddings for simple link prediction[C]. Proceedings of the 33rd International Confenence on Machine Learn-ing，2016：2071-2080.

[54]DETTMERS T，MINERVINI P，STENETORP P，et al. Convolutional 2D Knowl-edge Graph Embeddings[J]. 2017. arXiv：1707.01476[cs. LG].

4　行动篇

农为邦本,本固邦宁。粮食关乎国运民生、社会稳定,粮食安全是国家安全的重要基础。全球各个主要经济体都对育种产业进行巨额投入,都希望在保护本国粮食安全的基础上,利用技术优势占领国际市场,谋求更高的商业价值以促进经济发展。

4.1　农业先进国未来数字化育种产业布局

当前美国和欧洲的各个农业先进国都已达成共识,未来数字化育种4.0的方向是基于大数据、云计算、人工智能等新一代信息技术和智能装备技术,模拟作物生长气候、环境等因素,综合多组学大数据进行智能育种决策,实现高效、精准、优质农作物新产品的创造。为此各国在育种4.0领域进行了系统的前瞻性布局,并已经展开行动进军未来数字化育种产业。

美国农业部在《美国农业部科学蓝图——2020至2025年科研方向》中提出,美国农业部计划通过作物和动物精准育种、基因编辑、预测建模及间作等方面的研究,实现农业可持续化、集约化发展[1];美国科学院《至

2030 年推动食品与农业研究的科学突破》的报告中，提出了未来十年美国食品和农业研究的方向，并明确指出提高对农业重要生物的常规基因编辑能力，以促进重要生产力性状和品质性状的精准快速改良[2]；2021年 7 月，美国国家人工智能研究所与美国农业部国家食品和农业研究中心（USDA-NIFA）、国土安全部（DHS）、谷歌、亚马逊、英特尔和埃森哲公司合作投资 2.2 亿美元，寻求从食品系统安全到下一代边缘网络等经济、科学和工程领域的变革性进展，重点支持人工智能驱动的农业和食品系统创新等领域的研究，其中美国农业部国家食品和农业研究中心支持建立的研究所包括：下一代粮食系统 AI 研究所和未来农业适应性、管理及可持续性AI 研究所，分别由加利福尼亚大学戴维斯分校和伊利诺伊大学厄巴纳香槟分校牵头成立，从人工智能和生物信息学结合的视角解析生物数据，研究分了育种、农业生产问题，推动人工智能应用以解决农业生产方面的主要挑战[3]。

法国于 2018 年 3 月启动人工智能战略，计划于 2021—2025 年推进人工智能在精准农业上的应用，并将"加速农业数字化"写入"法国 2030"投资计划[4,5]。英国皇家生物学会发布的关于植物科学新机遇的报告《增长的未来》指出：利用标记辅助选择和快速育种技术，结合基因编辑和基因组测序进展，综合遗传技术的进步、大数据分析，以及预测与决策支持工具、机器人将是未来植物学领域的重要发展方向。2021 年 4 月欧盟委员会也发布题为《加快欧洲迈向人工智能的步伐》的通讯，提出利用 AI支持可持续农业发展[6]。

4.2　中国如何破局育种产业挑战

目前发达国家育种产业已经普遍进入育种 4.0 时代，我国仍然处在育种 2.0 至 3.0 之间，随着全球化、市场化农业产业发展和全球贸易一体化格局的逐步形成，我国育种产业正面临前所未有的严峻挑战。

"十四五"时期是我国由农业大国向农业强国跨越发展的关键阶段，

而当前我国育种产业发展依然面临着发展粗放、效率不高、效益不强、效能不够等问题。农业大数据是实现农业信息化、智能化和精确生产的一种手段,可以指导传统育种走向科学研究、科学生产、科学管理和科学销售,是解决我国当前育种产业发展问题的核心手段之一。中国科学院许智宏院士指出,我国农业基础研究和应用基础研究是比较薄弱的,未来农业是跨领域深度联合,需要智能化信息收集技术,能够把大量的田间实验数据直接集中起来;需要大数据科学及其在农业领域的配套应用,实现人工智能数据处理和整合;需要突破性的基因组学、精准育种技术和现代生物技术应用,加速推进传统育种向分子育种转变[7]。

面对困难和挑战,中国植物学家运用现代分子生物学技术也取得一些突破性的进展。由中国科学院李家洋院士带领的水稻研究团队将水稻分子设计育种技术应用于水稻育种,实现从传统经验育种到定向、高效、精准育种的飞跃[8,9];中国科学院东北地理与农业生态研究所的冯献忠研究员团队针对经济作物开展分子设计育种研究,选育出高产优质的大豆、棉花、辣椒、黄瓜等 61 个新品种,新品种示范推广 2500 万亩,创社会经济效益 32.82 亿元[10-13]。

利用大数据计算实现分子育种,在未来是一个很大的产业,其中有很多科学问题亟待解决,这对我们既是挑战,也是机遇。

4.3 为推动育种产业迭代,中国科学家砥砺前行

习近平总书记曾说:"科技是国之利器,国家赖之以强,企业赖之以赢,人民生活赖之以好。"为了国家种业安全,中国科学家们积极投身计算智能育种领域,力争早日实现中国育种产业技术飞跃。

4.3.1 高通量表型采集平台研发提升了分子设计育种的准确性

表型是环境与基因互作的综合反映,表型的精确采集和分析是目前分子设计育种的主要技术瓶颈之一。传统育种中表型采集工作数据量大

且工序复杂,几乎全部依赖人工;高质量的表型信息数据对工作人员有较高要求,不仅需要专业知识积累,还需要长期生产实践经验。计算机视觉和人工智能技术的进步,使育种表型的标准化、高通量收集成为可能。为了高通量获得作物精准表型数据,中国科学院地理与农业生态研究所冯献忠团队及山东大学团队合作,共同开发了一套全自动大豆单株表型采集系统,该系统由工业相机、机械臂、传动马达、自旋底座和图像处理平台等部分组成,可实现标准化、高通量的大豆表型信息采集(图 4-1)。利用该平台对大豆生育期、花叶病、株型、倒伏等性状进行识别,表型自动获取正确率达到 80% 以上,效率提高 90%。研究成果发表于生物学和计算机视觉领域的顶级期刊 *Pattern Recognition*、*Computational Biology and Chemistry* 等[14,15]。

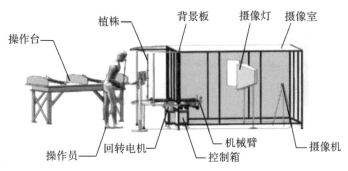

图 4-1　大豆单株表型测量仪工作场景演示[16]

4.3.2　利用人工智能和机器视觉实现大豆品种和籽粒数鉴定

近年来,利用叶片图像模式区分大豆品种的方法越来越受到人们的关注,然而由于大豆品种之间的相似性高于不同植物之间的相似度,现有方法所报道的品种分类精度远不能满足生产要求,这使得人们开始探讨利用计算机视觉识别叶片图像的模式,从而为大豆品种识别提供足够的鉴别信息。为此,中国科学院地理与农业生态研究所与合作团队[17]利用人工智能对大豆植株不同部位叶片特征深度学习并建立预测模型,以实现准确的品种识别(图 4-2)。该方法采用距离融合和分类融合两种方法,集合了由大豆植株下部、中部和上部的三出复叶图像模式的深度学习特征。通过融合定义在三出复叶图像模式深度特征空间上的 L1 距离度量值,然后使用 CNN 分类器进行分类,再利用三出复叶图像模式的深度特征训练 SVM 分类模型,并采用求和规则组合 SVM 分类模型进行品种预测。以 200 个大豆品种的 6000 个样本作为基准,证明该方法分类率达到了 83.55%,表明其能够为大豆品种的准确识别提供较强的识别信息。

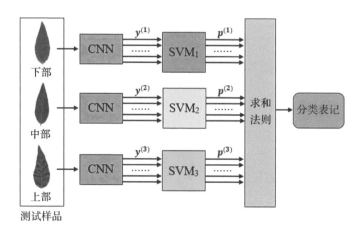

图 4-2 基于叶片表型的大豆品种分类模型[17]

大豆单株豆荚数是重要的产量性状。采用大豆单株表型测量仪采集的图片信息,通过融合 k-means 聚类算法,可对目标检测算法进行优化。郭瑞等[16]通过深度学习和训练,获得预测模型并实现对大豆单株豆荚数的精准预测。结果证明改进的 YOLOv4 模型,可实现未脱粒植株单株籽粒数的准确判断,平均准确率超过 80%,对摆盘豆荚的籽粒数鉴定的平均成功率达到 99.1%,成为大豆智能育种的可靠辅助工具(图 4-3)。

4.3.3 通过扩展表型优化人工智能和计算视觉在育种中的应用

作物表型性状是作物新品种培育的重要依据。育种专家希望利用人工智能技术,以较低的成本获得许多精确的表型数据,用于育种方案的设

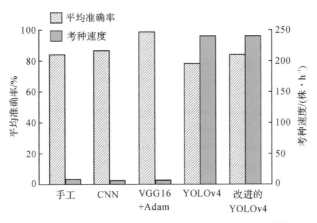

图 4-3　不同模型的考种速度与平均准确率对比[16]

计。计算机视觉(CV)具有比人类视觉更高的分辨率,有潜力实现大规模、低成本和精确的作物表型分析和识别。现有的表型性状研究标准是面向人工物种检验的,其中一些性状类型即使数据完整也不能满足机器学习的需要(图 4-4)。

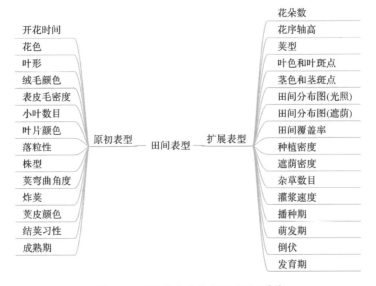

图 4-4　对常规农艺性状进行扩展[18]

为此,中国科学院地理与农业生态研究所与山东大学合作团队[18]基于 CV 技术的表型数据出发,对大豆性状(田间调查的主要农艺性状、室内调查的主要农艺性状、抗性性状和大豆种子表型性状)进行详细的划分和数字化的定义区分。扩展性状对现有大豆表型性状标准进行补充和改进。扩展性状数据库是大豆人工智能育种平台的重要数据来源,它们为深度学习提供便利,为专家设计准确的育种方案提供支持。

4.3.4　大豆重要农艺性状的解析取得了重要进展

中国科学院东北地理与农业生态研究所冯献忠研究团队与武汉菲沙基因信息有限公司构建了 8 个来自野生大豆和栽培大豆的白金级参考基因组,为大豆分子设计育种提供了重要、精准的参考基因组。基于 8 个高质量的大豆基因组,研究团队鉴定到 186 万~427 万个 SNP,44 万~92万个 InDel(插入缺失标记),11750~25330 个长 InDel,706~3006 个易位事件,200~413 个倒位事件。这些变异的发现为研究大豆驯化、改良过程中的新变异和候选基因提供基因组学基础,该结果被用于国际大豆参考基因组的更新(图 4-5)[19]。

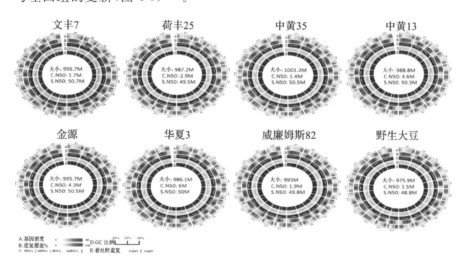

图 4-5　八个大豆高质量参考基因组[19]

4.4 之江在行动

当前新一轮科技革命和产业变革加速演变,这正是我国种业弯道超车,实现跨越式发展的绝好机会。在此背景下,作为浙江省委、省政府深入实施创新驱动发展战略、探索新型举国体制浙江路径的重大科技创新平台,之江实验室正积极布局计算育种学研究,旨在快速解决计算育种"卡脖子"的技术难题,充分发挥自身在智能计算、人工智能等领域的技术优势,以及体制机制优势和人才优势,联合中国水稻研究所、中国科学院东北地理与农业生态研究所等标杆单位,共同建立以计算育种学为核心的新一代作物育种理论和技术体系,推动作物育种研发范式的变革,促进作物育种理论创新与技术进步,为作物新品种的培育和生产提供核心技术和科技平台,服务作物育种的科学研究和种业发展。计算育种路线见图 4-6。具体研究内容包含以下方面:①计算育种领域人工智能算法和模型研究;②高质量育种基因、分子和表型数据平台;③作物分子设计育种。

图 4-6 计算育种路线

我们将在已建成的国内顶尖分子设计育种平台基础上,充分利用高质量参考基因组、全基因组选择模型、分子设计育种技术等优势,在表型识别、基因表型关联及基因-环境-表型复杂作用关系网络等智能计算优势领域内开展技术攻关。完善基于全基因组选择的基因型-表型的智能预测体系及多组学品种优化设计理论体系,突破计算育种在基因、环境和表型等方面的多尺度多模态育种知识图谱构建、推理及其相互作用机制的关键智能化技术,最终建立一个智能、高效、精准、交互式的智能计算育种平台,加速育种的全流程智能化研发,实现高产、优质等突破性品种的精准设计培育。

我们期望借助人工智能算法、海量育种大数据、超高速云计算平台等手段,优化整个育种研发过程。我们拟打造的智能计算育种平台,建成后将面向社会各界育种领域从业人员,提供精准育种相关的大数据处理、清洗、挖掘、分析等服务。

4.5　未来育种产业

未来高级阶段的计算育种将会是生物信息学与育种学的有机结合,利用大数据、人工智能解决当前育种技术无法突破的瓶颈问题。智能计算育种将建构在智能计算的底层软硬件基础设施上,以生物育种大数据为熔炼底料,以人工智能技术为催化剂,促进多尺度、多模态生物数据产生聚变式与裂变式应用,实现生物育种的知识图谱融合、类脑认知与决策智能,加速科学研究范式的改变和生物育种行业的发展。智能计算育种将主要以农作物基因型、环境、表型等大数据为核心基础,通过人工生物智能技术,在实验室设计培育出一种适于特定地理区域和环境的品系品种,以摆脱大田育种带来的巨大人力、物力、财力方面的花费。

新一代信息技术(大数据、云计算、人工智能等)、智能装备技术与生物技术深度融合的智能计算育种,将驱动育种跨越式发展,加速实现精准化、智能化和工厂化的育种模式。预计到 21 世纪中期,作物新品种的培育周期可以缩短至一年或数月,甚至实现崭新作物品种的快速驯化。我国必须紧抓全球新一轮科技革命和产业革命的机遇,加速作物表型组技术体系的构建、加快育种大数据的建设、加强生物技术和信息技术的深度融合,建立最先进的智能育种技术体系,抢占种业技术的制高点,确保我国种业具有持续竞争力,保障我国的粮食安全和生态安全。

4.6 结语与展望

本书旨在全面系统地介绍计算育种学的研究背景、研究现状、主要技术体系及发展趋势。传统杂交育种技术以染色体重组交换为基础，通过基因优化组合来创造优良品种，但是重组交换频率低和有害等位基因连锁等的内在缺点使其发展应用到达了"天花板"。近年来，基因组编辑技术为育种带来了新突破，使"无重组育种"成为可能，成为全球种业竞争的制高点。随着人工智能领域的迅速发展，以多维数据收集挖掘为基础、以大数据建模预测为指导的智能育种技术体系将成为未来育种的发展方向。计算育种学融合计算生物学、合成生物学、大数据科学、计算科学的最新研究进展，将带来育种技术从大田走向数据新的一次革命，促使农业产品产量的大幅增加和品质的提高，提升世界粮食生产水平。

参考文献

[1]United States Department of Agriculture. USDA Science Blueprint：A Roadmap for USDA Science From 2020 to 2025[M]. 2020.

[2]FLOROS J D. Science breakthroughs to advance food and agricultural research by 2030 [M]. Washington，D. C. ：National Academies Press，2019.

[3]National Science Foundation. NSF partnerships expand National AI Research Institutes to 40 states[Z]. 2021.

[4]BRUNO LE MAIRE F V，CéDRIC O. MESRI Stratégie Nationale Pour L'Intelligence Artificielle-2e phase[Z]. 2022.

[5]France 2030，un plan d'investissement pour la France de demain[Z]. 2021.

[6]Communication on Fostering a European approach to Artificial Intelligence[Z]. 2021.

[7]许智宏. 中国农业的发展现状与未来趋势[N]. 中国科学报，2020-09-29.

[8]ZENG D，TIAN Z，RAO Y，et al. Rational design of high-yield and superior-quality rice[J]. Nat Plants，2017，3：17031.

[9]YU H，LIN T，MENG X，et al. A route to de novo domestication of wild allotetraploid rice[J]. Cell，2021，184(5)：1156-70e14.

[10]LI Y, LI X, YANG J, et al. Natural antisense transcripts of MIR398 genes suppress microR398 processing and attenuate plant thermotolerance[J]. Nat Commun, 2020, 11(1):5351.

[11]LI S, WANG N, JI D, et al. A GmSIN1/GmNCED3s/GmRbohBs feed-forward loop acts as a signal amplifier that regulates root growth in soybean exposed to salt stress [J]. Plant Cell, 2019,31(9):2107-30.

[12]WANG D, LIANG X, BAO Y, et al. A malectin-like receptor kinase regulates cell death and pattern-triggered immunity in soybean[J]. EMBO Rep, 2020,21(11):e50442.

[13]GAO J, YANG S, TANG K, et al. GmCCD4 controls carotenoid content in soy-beans[J]. Plant Biotechnol J, 2021,19(4):801-813.

[14]RONG Y, XIONG S, GAO Y. Low-rank double dictionary learning from corrupted data for robust image classification[J]. Pattern Recognition, 2017,72:419-432.

[15]GAN Y, RONG Y, HUANG F, et al. Automatic hierarchy classification in venation networks using directional morphological filtering for hierarchical structure traits extraction[J]. Computational Biology and Chemistry, 2019,80:187-194.

[16]郭瑞,于翀宇,贺红,等.采用改进 YOLOv4 算法的大豆单株豆荚数检测方法[J].农业工程学报,2021,37(18):9.

[17]WANG B, LI H, YOU J, et al. Fusing deep learning features of triplet leaf image patterns to boost soybean cultivar identification[J]. Computers and Electronics in Agriculture, 2022,197.

[18]XING Y, LV P, HE H, et al. Traits expansion and storage of soybean phenotypic data in computer vision-based test[J]. Front Plant Sci, 2022,13:832592.

[19]CHU J S, PENG B, TANG K, et al. Eight soybean reference genome resources from varying latitudes and agronomic traits[J]. Scientific Data, 2021,8(1):164.